21世纪高等教育计算机规划教材　　21世纪普通高等院校实验实践系列教材

多媒体技术应用实训教程

The Training Course of Multimedia Technology and Application

■ 周飞雪 朱晓东 编著

U0313719

人民邮电出版社

北　京

图书在版编目（CIP）数据

多媒体技术应用实训教程 / 周飞雪，朱晓东编著
. -- 北京：人民邮电出版社，2016.5(2017.1重印)
21世纪高等教育计算机规划教材
ISBN 978-7-115-41854-8

Ⅰ. ①多… Ⅱ. ①周… ②朱… Ⅲ. ①多媒体技术—
高等学校—教材 Ⅳ. ①TP37

中国版本图书馆CIP数据核字(2016)第045436号

内 容 提 要

本书系统地介绍了创作多媒体作品过程中各类多媒体的基本概念、多媒体产品创意分析与设计、各类多媒体元素的软件应用实践等方面的内容。

全书共6章，分别为多媒体产品创作的分析与设计（多媒体基本概念和多媒体分析与设计）、图形图像处理（图形图像基本概念、图形实验项目和图像加工处理）、音频处理（音频基本概念和音频采集加工）、视频处理（视频基础知识和视频加工处理）、动画制作（动画基础知识和动画制作）以及多媒体作品制作和发布等内容，其中常用的多媒体制作工具包括 Illustrator、Photoshop、GoldWave、Audition、Premier、Flash、Authorware、AutoPlay Menu Builder 等软件。

本书适合作为拟从事数字多媒体产品及相关产品分析设计的本科生和高职生的实践实训教材，也可作为对多媒体技术应用有兴趣的人员的学习参考书。

◆ 编　　著　　周飞雪　朱晓东
　　责任编辑　　武恩玉
　　执行编辑　　孙燕燕
　　责任印制　　沈　蓉　彭志环

◆ 人民邮电出版社出版发行　　北京市丰台区成寿寺路 11 号
　　邮编　100164　　电子邮件　315@ptpress.com.cn
　　网址　http://www.ptpress.com.cn
　　北京中新伟业印刷有限公司印刷

◆ 开本：787×1092　1/16
　　印张：9.5　　　　　　　　　2016 年 5 月第 1 版
　　字数：228 千字　　　　　2017 年 1 月北京第 3 次印刷

定价：29.80 元

读者服务热线：(010)81055256　印装质量热线：(010)81055316
反盗版热线：(010)81055315
广告经营许可证：京东工商广字第 8052 号

前言

随着现代信息技术的发展,不同专业领域已经大量应用多媒体技术的方式进行交流,这极大地提高了人们的学习、工作效率。更重要的是,多媒体表达方式使得不同专业领域的交流障碍不再是不可逾越的,沟通更易于理解和接受。因此,多媒体表达方式将会成为各行各业最为基本的沟通、交流手段。本书也正是基于此目的,使学生在能够掌握多媒体技术基本知识的同时,提高其运用多媒体方式分析、表达以及解决实际问题的能力。

本书在编写过程中,注重加强学生对多媒体技术应用知识的整体认知,并明确每一章的多媒体技术应用操作对象,强调用创意思维来展开多媒体技术应用实训的分析设计,然后通过基础性的实训过程、步骤说明,指导学生掌握基本的多媒体技术应用软件操作知识,初步完成相应的多媒体作品,在此基础上持续深入地完善作品,进而更好地在具体多媒体作品的分析、设计以及实现的过程中,发挥学生的主观能动性,激发学生应用多媒体技术软件的兴趣。

另外,本书每一章都加入了多媒体技术的基本概念实验项目以及多媒体对象的实训应用项目。具体包括常用多媒体制作工具 Illustrator、Photoshop、GoldWave、Audition、Premier、Flash、Authorware、AutoPlay Menu Builder 等软件操作实验。每个软件的实验内容都着眼基本理论和实践知识的应用分析,并通过上机实践来掌握各软件的基本使用方法。而从多媒体技术应用整体框架上看,本书介绍的多媒体制作工具涵盖了各类型的多媒体元素,如图形、图像、音频、视频以及动画等,并介绍了能集成这些多媒体元素形成完整多媒体作品以及能发布多媒体作品的多媒体作品系统软件。

本书共 6 章,13 个实验项目,每个实验项目中都包含基本概念、实验目的、实验内容步骤和复习思考题等,各章实验项目内容和学时可根据专业实际需求进行调整选择。

教材实验章节安排如下。

章 节	学 时	内 容
多媒体产品创作的分析与设计	2	多媒体基础概念实验项目和多媒体分析与设计实验项目
图形图像处理	6	图形图像基本概念实验项目、图形实验项目(介绍 Illustrator 软件)和图像加工处理实验项目(介绍 Photoshop 软件)
音频处理	6	音频基本概念实验项目和音频采集加工实验项目(介绍 GoldWave 软件和 Audition 软件)
视频处理	4	视频基础知识实验项目和视频加工处理实验项目(介绍 Premiere 软件)

章　节	学　时	内　　容
动画制作	4	动画基础知识实验项目和动画制作实验项目（介绍 Flash 软件）
多媒体作品制作和发布	4	介绍 Authorware 软件和 AutoPlay Menu Builder 光盘制作发布软件

　　本书的编写得到了"江苏高校品牌专业建设工程资助项目"的支持，在此表示感谢。

编　者

目　录

第1章
多媒体产品创作的分析与设计

随着科技的进步发展，多媒体世界给我们带来了丰富多彩的生活和便利高效的工作方式，并成为人们日常工作、生活、学习的重要组成部分。我们应学会理解并应用多媒体表达方式来有效地表达我们的想法，从而提升学习和工作效率，进一步丰富我们的世界。

【内容提示】

本章开设了两个实验项目，分别是多媒体基础概念实验项目和多媒体分析与设计实验项目。

多媒体基础概念实验项目主要引导学生在掌握基本概念的基础上主动地探寻身边的多媒体技术及其应用情况，深入理解学习生活中的多媒体表达方式所带来的影响。

多媒体分析设计实验项目主要是引导学生结合专业实际需求进一步开展探索性的多媒体创意、分析和设计工作，从而激发学生能动地创新性学习。

1.1 多媒体基本概念实验项目

1.1.1 基本概念

1. 数字多媒体

我们这里所指的多媒体是数字多媒体，即用计算机方式来表示感知的世界，包括客观、情感以及想象的世界。具体来说，数字多媒体是以二进制数的形式获取、处理、存储、传播、管理、输出等过程的信息载体，包括3个方面的内容：（1）数字化的文字、图形、图像、声音、视频影像和动画等感觉媒体；（2）表示这些感觉媒体的表示媒体（编码）等，通称为逻辑媒体；（3）存储、传输、显示逻辑媒体的实物媒体。

数字多媒体技术在一定程度上是计算机技术、通信技术和信息处理技术等各类信息技术的综合应用技术，其所涉及的关键技术内容主要包括多媒体信息检索技术、数据压缩和解码技术、数据存储技术、多媒体数据库技术、多媒体网络与通讯技术、智能多媒体技术、虚拟现实技术、数字信息管理与安全等。本书主要是介绍如何利用多媒体技术软件来编辑处理文字、图形图像、声音、动画以及视频等多媒体对象的实验教程。

2. 多媒体技术软件

多媒体技术软件主要是能够采集或者绘制、编辑处理、生成与发布多媒体作品的软件，包括文字编辑处理软件、图形图像软件、音频软件、动画制作软件、视频编辑软件以及平台软件等。

（1）文字编辑处理软件。普通文字一般是可以用多媒体创作的各类软件进行编辑处理的，其中有专门的文字编辑处理软件，如 Word 系列软件；图像文字在 Word 系列软件里同样可以编辑生成，如在 Microsoft Word Art 中插入艺术字。动态文字也有不同的形态，如简单文字的出现、消失以及飞入等，动态形式可在 PowerPoint 和 Authorware 等平台软件上设计完成；而如文字颜色和形态等的变化还可以应用动画相关软件来开发设计，如平面动画软件 Flash、专门的文字动画软件 COOL3D 等。

（2）图形图像软件。图形图像处理软件是用于绘制图形、处理图像信息的各种应用软件的总称，被广泛应用于广告制作、平面设计、影视后期制作等领域。常见的图像图形处理软件有以下 8 种。

① Adobe 公司开发的 Photoshop 以其强大的功能和友好的界面成为当前最流行的产品之一，是集图像扫描、编辑修改、图像制作、广告创意、图像输入/输出于一体的图形图像处理软件，既可用于绘画艺术品和图片的扫描编辑，还可制作出如同水彩画和油画等一样的自然主义风格的图画。

② Google 的免费图片管理工具 Picasa，是可帮助您在计算机上立即找到、修改和共享所有图片的软件。

③ 光影魔术手则是一个照片画质改善和个性化处理的软件，类似的还有非主流软件，如美图秀以及其他，如用于图章制作的软件等。它们通过调整各种属性来实现图像的各种特效，如翻转、透明、灰度、浮雕、反相、高斯模糊、任意角度旋转、亮度/对比度/饱和度/锐化/海绵/磨砂效果等。

④ 绘图软件 CorelDraw 是一个功能强大的整合性绘图软件，可被用来制作各类图文并茂的桌面印刷品，如请柬、简报、宣传品、海报、广告以及其他专业的设计作品（如从商业区地图、机械结构装配图等技术图纸到漫画、怪兽等计算机作品等）；可使用其直观的矢量插图和页面布局工具完成卓越的设计；可使用专业照片编辑软件润饰和增强照片效果；可将位图图像转换为可编辑和可缩放矢量文件等。

⑤ Adobe Illustrator 是另一个重要的可用于出版、多媒体和在线图像的工业标准矢量插画软件，其他类似的软件如 Corel 公司专业绘图软件 Painter，都与 Adobe Photoshop 兼容。

⑥ 几何画板则是一个通用的适用于数学、物理教学环境出色的教学软件之一，它以点、线、圆为基本元素，并可通过对这些基本元素的变换、构造、测算、计算、动画、跟踪轨迹等，构造出其他较为复杂的图形。

⑦ ZBrush 是一个可数字雕刻和绘画、自由创作的 3D 设计工具；而 AutoCAD 是一种重要的工程图形设计软件，主要用在机械、建筑、冶金专业设计领域，其新功能加强了概念设计和视觉工具的结合，促进了 2D 设计向 3D 设计转换；3DS Max 也是世界上应用最广泛的三维建模、动画、渲染软件，可应用于高质量动画、最新游戏、设计效果等领域。

⑧ Instagram 6.14.0 是一款可以运行在移动领域以及在 iOS、Android 和网页等平台上的应用程序。它提供了多种经典有趣的特效风格，以一种快速、美妙和有趣的方式将您随时抓拍下的图片进行分享；另外，Snapchat "快照"（"Snaps"）也是一款 "阅后即焚" 照片分享应用程序，可以被用于拍照、录制视频、添加文字和图画，用户可将它们发送到移动好友中。Snaps 最主要的功能便是所有照片都有一个 1~10 秒的生命期，它会根据用户预先设定的时间按时自动销毁。

（3）音频软件。音频软件相对较多，主要有 GoldWave 和 adobe Audition（Cool Edit pro）等软件，主要用于录制、混合、编辑和控制数字音频。其中，GoldWave 是一个集音频剪辑软件、音频转换器、处理制作、播放、录制及其他特效处理于一体的音频工具；还有其他具有某特定功能的软件，如创作、录音、格式转换、剪切、消音、变声及其体音效处理等方面的功能软件。

（4）视频软件。Adobe Premiere Pro 是基于时间轴的专业非线性视频编辑软件。Adobe Premiere Pro CC 能够对视频进行更细腻的控制，无论各种视频媒体，它都能导入并自由地组合，然后以原生形式编辑，而不需花费时间转码。Adobe After Effects 是另一个 Adobe 系列专业视频效果制作软件，用于 2D/3D 合成、影片制作、影片特效、视觉效果、电影特效等视频后期处理。绘声绘影（Corel Video Studio Pro）也是一款非线性视频编辑软件，它通过视频截取、编辑、特效、覆叠、标题、音频与输出等功能，把影片、图片、声音等素材结合成视频文件。AVS Video Editor 是一款集视频录制、编辑、特效、覆叠、字幕、音频与输出于一体的非线性编辑软件，可以将影片、图片、声音等素材合成为视频文件，并添加多达 300 个的绚丽转场、过渡、字幕、场景效果。还有其他视频编辑处理软件，如 AVS Video ReMaker 或者 Smart Cutter 等可无损裁剪视频；Boilsoft Video Splitter、Ultra Video Splitter、4Media Video Editor 等可快速分割视频；还有其他具有某特定功能的软件，如 HandBrake 是一款开源、跨平台、多线程的视频转码器，能够将 DVD 或普通视频转换为高质量的 MP4 或 MKV，还内置了为移动设备优化好的配置，直接单击选择即可加载；除此之外，你也完全可以自定义转换参数，这也是 HandBrake 比较强大的地方，它可以定制视频大小、视频裁切、滤镜、视音频编解码器、字幕、章节等各类高级参数。

（5）动画制作软件。Flash 是一种可用于动画制作及多媒体创作的软件工具。它可以包含简单的动画、视频内容、复杂演示文稿和应用程序以及介于它们之间的任何内容，用以创建包含丰富媒体的演示文稿、应用程序和其他允许用户交互的内容，可用于平面动画和网页动画等领域的创作。3D MAX 是一款三维动画设计和制作软件，具有强大的建模功能和丰富多彩的设计技巧，可以创作出专业级别的三维图和动画特效，并广泛应用于电影特技、广告制作、教学模拟演示、建筑艺术以及多媒体应用系统开发等领域。另外还有其他动画软件，如友立公司出版的一款 GIF 动画制作软件——Ulead GIF Animator。

还有一些平台软件，如 Authorware 软件是一种基于设计图标和流程为结构的编辑平台，具有丰富的函数和程序制作功能，能将编辑和编辑语言较好地融合在一起；而 Dreamweaver 软件工具则是集网页制作和管理网站于一身的、所见即所得的网页编辑器，是第一套针对专业网页设计师特别发展的视觉化网页开发工具，利用它可以轻而易举地制作出跨越平台限制和跨越浏览器限制的充满动感的网页等。总的来说，多媒体技术软件是非常丰富的，也都具有各自的特色，其功能及其应用领域也在不断发展。

1.1.2　实验目的

本实验目的如下：

（1）理解多媒体技术的相关概念；

（2）通过归纳身边与生活相关以及专业领域相关的多媒体应用，实际观察或使用现有多媒体产品，掌握多媒体技术作品、应用软件发展情况及其功能特点；

（3）理解和应用多媒体相关理论和实践知识，思考熟悉多媒体产品名称、功能目的以及分析多媒体作品素材利用的技术呈现特征方式。

1.1.3 实验内容

为实现上述实验目的，本实验项目内容主要是理解和应用多媒体技术相关的概念知识，包括数字多媒体、数字多媒体技术、多媒体技术软件（包括文字编辑处理软件、图形图像处理软件、音频软件、视频软件、动画制作软件以及平台软件等）等，具体内容如下。

（1）搜索、收集多媒体技术相关概念的信息资料。这些信息资料包括相关教材、网络网站、电子出版物、媒体广告、软件功能及操作使用说明等有关图、文、音、动画、视频、软件等多媒体相关的描述。

（2）理解并整理这些信息资料。这主要是指对上述信息资料的分类，汇总不同类型的描述。

（3）观摩或使用多媒体作品。这包括作品播放、浏览、欣赏以及多媒体技术软件安装等。

（4）思考身边的多媒体技术应用需求。联系学习、生活实际需求，思考如何将学习、生活的某种表达方式转换为其他多媒体表达方式。

（5）撰写实验报告。撰写实验报告是一种规范地理解和应用多媒体技术相关概念知识的凝练方式。

1.1.4 实验步骤

主要步骤如下。

（1）搜索、收集多媒体技术相关概念的信息资料。这里主要通过网络收集下载相关信息资料，在百度等网站或学校图书馆数据库中的搜索引擎，利用信息检索技术和方法即可检索下载到大量相关的信息资料。

（2）理解并整理这些信息资料。根据多媒体类型，整理不同来源渠道获取的信息资料进行分类，并做出多媒体概念间的联系和区别的评价，整理成表格。

（3）用心观摩或者使用多媒体作品。观察各种场所出现的多媒体作品，如实体场所、聊天渠道、电子商务网站、电视媒体广告、软件界面、虚拟现实作品等，在适当条件下，播放、浏览和欣赏这些多媒体作品；对部分多媒体作品，如多媒体技术应用软件，可以进行安装，体验其功能界面设计和流程设计等方面的情况。

（4）在丰富自身体验的同时选择几个有代表性或者感兴趣的作品、软件或网站等多媒体对象，如根据专业背景或多媒体技术概念特征来选择出这些对象，这里需要明确选择这些多媒体对象的目的和标准。

（5）根据选择出的多媒体对象中呈现的图形图像、音频、动画视频等特征，客观地评价多媒体对象，反映出多媒体所呈现的功能及其效果情况，并将相关信息整理成表格。

（6）通过对相关软件和作品等多媒体对象的学习了解，思考如何将身边的相关专业活动用多媒体方式呈现；或者思考在多媒体展示策划活动中，如何以多种多媒体方式来呈现等。

（7）最后将相关体验和结论形成"实验报告"（见表1-1）。

报告的内容和形式应该强调多媒体作品的呈现方式，具体说明这些多媒体作品是以何种多媒体形式（包括文本、图像、动画、音频或者视频等）来反映这些产品内容的，同时指出多媒体产品在集成性、交互性、媒体的信息组织形式、网络传播方式等方面的特征。

表 1-1　　　　　　　　　　　　实验报告内容样式

名　　称	功 能 目 的	体现出的技术的主要特征
虚拟现实作品或者多媒体辅助学习软件、大量应用多媒体技术的网站	介绍其功能用途以及使用或操作体验过程的说明	相比传统方式，多媒体技术所带来的新现象有哪些？从集成性（媒体和设备的集成），交互性（人机交互），媒体的信息组织形式，可传播性（网络传播），表达信息的直观性、生动性、丰富性、有效性等方面进行说明

1.1.5　复习思考题

（1）多媒体技术及应用有哪些社会经济方面的需求？举例说明。

（2）多媒体技术软件发展特征及发展趋势是什么？

（3）结合自身工作学习生活的实际需求，多媒体应用还有哪些不足之处？

（4）撰写符合实验内容要求的实验报告：

① 总结并描述出实验过程；

② 指出实验过程中遇到的问题及解决方法；

③ 对于上述思考题有一些基本的分析和思考，归纳提炼出相关结论。

1.2　多媒体作品分析与设计实验项目

目前，多媒体被常用于学习教育、文化娱乐、企业管理、工程项目以及科研设计等多个专业领域。这些应用都需要创意创作出符合知识产权的多媒体产品，需要充分利用现有多媒体技术软件。而更为重要的是，需要具有系统分析与设计的思想，才能将专业知识、软件应用技术和创意等有效结合起来。

1.2.1　基本概念

一般来说，多媒体作品是为了满足学习、工作、生活、娱乐等不同需要，采用文本、图形图像、动画、音频、视频等多种不同类型多媒体元素的集成组合形成具有完整主题内容和多种实现功能交互的统一信息产品。广义上的多媒体作品包括常见的电视节目、广告、电影、数字视频、光盘等；狭义的多媒体作品则需要体现交互性特征，集成了软硬件多媒体技术和用户参与等来共同完成一定的多媒体功能的产品，如游戏和应用软件等。

这里涉及的多媒体技术也是一种迅速发展的综合性电子信息技术，它给传统的计算机系统、音频和视频设备带来了方向性的变革，对大众传媒产生了深远影响。多媒体计算机加速了计算机进入家庭和社会各个方面的进程，给人们的工作、生活和娱乐带来深刻的革命。数字电视、CG 动画、数字电影、游戏、交互多媒体运用、手机增值业务、互联网等都属于广义数字媒体的范畴[①]。

其中，多媒体网页使得商家可以将广告变成有声有画的互动形式，可以更吸引用户，也能够向准买家提供更多的商品消息；而多媒体教学不仅可以增加自学过程的互动性，还

---

① 吴起. 数字媒体作品剖析. 北京：北京邮电大学出版社，2008.

可以吸引学生学习、提升学习兴趣；同时，还可以利用视觉、听觉及触觉 3 方面的反馈来增强学生对知识的吸收。另外，多媒体还广泛应用于数字图书馆、数字博物馆、交通监控等领域。

一般来说，多媒体作品的分析与设计需要依据多媒体作品的用途及其价值大小，从组织构成、内容以及技术等方面展开分析与设计。多媒体作品生产过程涉及组织管理、内容设计、技术选择应用等系统性的工作，不同的图形图像、音视频以及动画制作等多媒体对象的编辑处理环节也有不同的特点，富有灵感、情感、联想的思维活动和具备视觉想象能力。例如，图形设计，从本质上讲，它是一种运用视觉形象进行创造性的思维活动，而创造性思维是创造力和想象力的结合，对图形设计而言，这种思维过程非常复杂，带有很大的偶然性。因此，为了尽可能地解释与多媒体设计有关的思维活动，为了能从自然的体验中获得超自然的设计思维，研究思维的心理因素和心理过程是非常重要的。

可以这么说，目前广告、艺术、教育、娱乐、工程、医药、商业及科学研究等各行各业都大量应用数字多媒体作品，此类多媒体作品的分析与设计极大地提升了行业社会经济价值。尤其在信息化以及互联网时代背景下，多媒体交流和推广方式成为必不可少的手段，必然会出现许多创新创意产品，为广大用户所熟知和使用，这极大地提升了创新创业者的价值。

1.2.2　实验目的

（1）学会欣赏并评价多媒体作品（这里分图像图形作品、动画作品、视频作品以及音频作品等）。

（2）通过浏览从事多媒体产品创意设计的企业网站信息，体会其知识感知、知识管理和知识交互创新创造等内容，理解多媒体作品创意在创作分析与设计过程的重要性。

（3）要求学生积极思考与专业知识相关联的多媒体应用，将多媒体技术充分应用到各个专业领域，分析相应的多媒体产品形式结构、内容结构和技术结构，提出现有多媒体产品基本方案，创造出更大的技术经济价值。

1.2.3　实验内容

在实验过程中主要以图像、视频、音频以及动画等内容来展开教学实验项目的分析与设计，在后续章节的实验开始之初都应该先做出对图像编辑、视频处理、音频处理以及动画制作等实验项目的分析与设计。

1.　多媒体作品设计创意

在应用过程中，能被接受并创造出新价值的数字多媒体作品都应有创意。创意是破旧立新的创造，是多媒体活跃性的重要来源，是一个涉及美学、工程学和心理学的问题。

目前，在多媒体领域涌现出了新的行业和新的岗位，如艺术设计、空间设计、装潢、影视后期、文案策划以及所谓新媒体空间等新行业[①]及一些创意设计师、空间设计师、工程布展人员和软件工程师等。在这些行业岗位上既熟练 IT 技术计算机应用能力，同时又有着优秀的艺术教育背景的人员，尤其在新媒体互联网环境下，开创了大屏幕融合互动、墙面互动、

① http://www.feilaifeiqu.com/about/who.html：

飞苹果. 新媒体艺术精典——当代艺术和它的体现（电子版）. 上海：上海文艺出版社，2007.

桌面互动、虚拟翻书、多媒体电子沙盘、产品展示、博物馆、科技馆、企业展馆、产品展示、客户体验厅、多媒体教学、信息查询、地图导航、自助餐桌、游戏台、大型商场、T 台、婚庆场所、儿童乐园等不同领域的技术应用项目，这些项目无不体现出多媒体创意的分析与设计的发展潜力和空间。

好的创意不仅会使作品独具特色，也会大大提高多媒体作品的可用性和可视性。多媒体作品的创意就是要将新颖性和创造性的想法通过多媒体技术加以表现，体现出其丰富多彩的多媒体的同步表现形式和直观灵活的交互功能，使得整个多媒体作品具有独特魅力。

2. 多媒体作品分析与设计

多媒体作品被应用于不同领域，不仅涉及专业领域知识，还兼顾用户需求，也能保证从技术上可以科学合理的实施。因此，我们在分析多媒体作品的过程中，还需把握如下几个方面的问题。

（1）总体结构的分析。

① 确定多媒体作品的创作目标，划分必要的子目标，确定多媒体作品应用领域、使用对象和使用场合，完成多媒体作品的技术、功能以及美学等方面的需求分析。

② 确定各子目标完成的任务和手段，尽量用图表和流程方式来表达。

③ 形成多媒体作品结构方案。注意多媒体作品创意设计中技术、功能以及美学的相互作用关系。

（2）内容结构的分析。

① 紧扣主题目标内容。根据不同的使用对象和使用场合，分析与内容相适应的多媒体表现方式和交互方式，综合采用图、文、音、视频等多媒体元素，开发出符合功能要求的多媒体内容素材，包括素材的文件格式、数据内容以及显示模式。

② 多种信息在时空上同步表现。注意根据主题内容对计算机界面进行空间划分，确定内容在时间上的逻辑关系、分配比例、进展速度和总长度等，进行立体构思，确定以界面、色彩、功能等表现形式的多媒体内容素材关系。

③ 形成内容表现整体方案。虽然主题内容以不同的多媒体元素形式体现，但作为具有完整意义的主题内容依旧需要具备完整的视图，便于多媒体作品创作环节的技术选择和协作，也可以作为不同创作时期和创作人员的一个沟通平台。

（3）技术结构的分析。

开发满足一定内容功能要求的多媒体作品需要熟练应用多媒体软件技术和方法，按照多媒体技术应用手段和方法的规范要求，提出技术细节、技术实施方法以及难点，在诸如文字术语标准化、素材、编号、脚本、剪辑和分镜头等方面，充分考虑作品分析与设计中不同技术细节采用的编程环境或创作工具的功能特点，选择相适应的硬件和软件以及技术可行方案，确定何种软件制作哪一个多媒体内容素材和集成多媒体素材的必要的软硬件环境及软件工具。

1.2.4　实验步骤

1. 多媒体作品创意分析步骤

多媒体作品创意分析在实践过程可依照一定的流程和步骤，每一个步骤可循环展开。

创意分析基本步骤如下。

（1）确认范围。根据某些现状和存在的各类问题和实际需求，设定要创意的主题，制订创意主题涉及方案的范围。

（2）探索、获取第一手资料或第二手资料。利用亲身体验或者类似作品的调查分析，从中挑选质量好的作品，并整理归类分析，充分了解类似作品主题现状及其问题。

（3）访谈和交流。对类似作品进行介绍和评价，结合自身作品需求，利用头脑风暴法，构思更多的想法，找出创意关键点。

（4）定位。结合专业视角、用户视角和作品创意独特风格，正确理解作品的定位。

（5）原型设计。采用视觉艺术，利用画草图等设计出直观方案，进行独特风格的创作尝试和权衡，这是一个反复迭代的过程。

（6）价值体现。再次综合个性风格、他人或最终用户的意见，进行迭代推演，确定最终的多媒体作品创意内容方案。

2. 多媒体作品分析与设计

在整个多媒体作品创意分析、设计、制作过程中，每一步都需要完成某些协调工作，提前做好准备、安排好时间，从而让整个作品的制作过程分阶段地、有条不紊地进行，以提高工作效率和工作质量。

多媒体作品分析与设计基本上要涉及以下几个阶段。

（1）规划阶段。规划阶段需要明确多媒体作品的需求以及完成目标。这些规定具体包括各类多媒体元素构成及其素材应用场景、素材设定的长度和效果、各类素材如何配合协调以及这些情况的分类说明和工作分配等。

（2）采集素材阶段。各类素材的类别不同，采集方式也不同。例如，音频类素材。对于角色的语音对白类素材，需要配音演员在录影棚中录制，而素材音效可以通过购买或下载获得；另一部分为原创音效，可以使用拟音、现场录制的方法制作等。

（3）制作阶段。多媒体制作阶段包括多媒体元素的编辑、合成以及后期处理等。

（4）测试阶段。测试阶段需要开发团队、一定数量的用户或专家对多媒体作品进行体验、感受和评定，找出有偏差的地方，然后收集大家的反馈意见进行综合，并以书面条款的形式反馈给制作人。

（5）修改阶段。按照评定和反馈的意见，进一步修改、制作、合成、调整各种素材，使其达到最满意的效果。

（6）发布阶段。确认达到规划预期目标要求后，根据既定方案以某些方式或媒介进行发布和包装。

1.2.5　复习思考题

（1）举例说明多媒体作品中蕴涵的不同专业、文化以及产业知识及其发展理念。

（2）多媒体作品的创意分析设计需要注意哪些要素？

（3）结合自身工作学习生活的实际需求，思考设计出一个多媒体创意作品。

（4）撰写符合实验内容要求的实验报告。

① 总结并描述出实验过程。

② 指出实验过程中遇到的问题及解决方法。

③ 对于上述思考题有一些基本的分析和思考，归纳提炼出相关结论。

1.3　本章实验内容小结

（1）基本概念部分的理解和应用实验，涉及数字多媒体、数字多媒体技术、多媒体技术软件（包括文字编辑处理软件、图形图像处理软件、音频软件、视频软件、动画制作软件以及平台软件等）等基本知识。

（2）多媒体作品分析与设计部分：多媒体技术及应用领域、多媒体作品设计创意、多媒体作品分析与设计结构问题和阶段（即 3 个结构问题：总体结构、内容结构以及技术结构；6 个阶段：规划阶段、采集素材阶段、制作阶段、测试阶段、测试阶段和发布阶段）。

第2章
图形图像处理

图形图像处理一般包括图形生成和图像编辑处理。图像编辑处理包括图形图像编辑制作、图像管理和网络共享等。这里主要是介绍图形图像编辑制作，包括图形绘制、图像分析、修复美化、合成等处理。其中，图形绘制主要利用计算机相关软件在个人计算机上直接绘制出数字化的图形；图像分析，即指通过取样和量化过程将一个以自然形式存在的图像变换为适合计算机处理的数字形式；图像修复美化，即指通过图像增强或复原，改进图像的质量，包括去除噪点、修正以提高图片对比度、消除红眼等；图像合成，即指将多张图像以某种模式进行合并。

【内容提示】

本章推荐 3 个图形图像处理实验项目，包括图形图像基本概念实验项目、图形实验项目和图像加工处理实验项目（介绍 Photoshop 软件）。

图形图像基本概念实验项目主要引导学生通过身边的多媒体事物的认知来加深对图形图像概念的理解，强化学生主动利用图形图像形式来表达想法的意识。

图形实验项目主要是介绍 Illustrator 软件的基本操作，作为可用于图形编辑的重要工具。本实验项目包括了 Illustrator 软件界面、Illustrator 软件操作基本流程、Illustrator 软件基本工具及其基本功能的实践操作知识等，可使得学生初步具备图形绘制及编辑合成的操作应用能力。

图像加工处理实验项目主要是介绍 Photoshop 软件的基本操作。作为主要用于图像加工处理的重要工具，本实验项目包括了 Photoshop 软件界面、Photoshop 软件操作基本流程、Photoshop 软件基本工具及其基本功能的实践操作知识等，可使学生初步具备图像加工处理的操作应用能力。

2.1 图形图像基本概念实验项目

2.1.1 基本概念

1. 图形基本概念

图形在这里也称为矢量图，是由计算机指令集合来描述的各种图元位置、维数和形状等，它可使用专门软件将描述的指令转换成屏幕上的形状和颜色，从而绘制成直线、圆、矩形、曲线、图表等形式的可任意缩放却不会失真的绘图图像。

矢量图一般以几何图形居多，其文件小，存储着线条、图块及其相关算法和相关控制点等信息，与分辨率和图像大小无关，只与图像的复杂程度有关；可采取高分辨率印刷，能够无限放大，不变色、不模糊、不会产生锯齿效果，能够以最高分辨率显示到输出设备上，但难以表现色彩层次丰富的逼真图像效果。

因此，矢量图常用于图案、标志、VI 和文字等设计领域。矢量图常用软件有 CorelDraw、Illustrator、FlashMX、XARA、CAD 等，相关格式有*.ai(Illustrator)、*.cdr (CorelDraw)、*.dwg、*.dxb、*.dxf（AutoCAD）、*.wmf(Windows Metafile Format)、*.emf(Enhanced MetaFile)、*.eps (Encapsulated PostScript)、filmstrip(Premiere)、*.col(Color Map File)、*.ico(Icon file)、*.iff(Image File Format)、*.pcd(Kodak PhotoCD)、*.pcx(PC Paintbrush)等。

2. 图像基本概念

图像一般定义是指各种图形和影像的总称，根据图像记录方式的不同可分为两大类：模拟图像和数字图像。模拟图像可以通过某种物理量（如光、电等）的强弱变化来记录图像亮度信息，如模拟电视图像；而数字图像则是用计算机存储的数据来记录图像上各点的亮度信息，包括位图和矢量图。这里的图像指的是计算机中一系列排列有序的像素组成的位图或"光栅图像"，它是由扫描仪和摄像机等输入设备捕捉实际画面产生的图像，与矢量图（图形）相区分。

像素（pixel）是组成图像的最基本元素，是数字图像采样和显示的基本单位，是一个逻辑尺寸单位。采样是将空间上连续的图像变换成离散点的操作，其中将像素灰度转换成离散的整数值的过程叫量化。像素的灰度级（或灰度值或灰度）是表示像素明暗程度的整数；一幅数字图像中不同灰度级的个数称为灰度级数，用 G 表示。灰度级数代表一幅数字图像的层次。图像数据的实际层次越多视觉效果就越好，若一幅数字图像的量化灰度级数 $G=256=2^8$ 级，灰度取值范围一般是 0～255 的整数，由于用 8 bit 就能表示灰度图像像素的灰度值，因此常称 8 bit 量化。从视觉效果来看，采用大于或等于 6 bit 量化的灰度图像，视觉上就能令人满意。一幅大小为 $M\times N$、灰度级数为 2^8 的图像所需的存储空间，即图像的数据量，大小为 $M\times N\times 8$（bit）。

分辨率的狭义定义是指显示器所能显示的像素的多少，如用户设置桌面分辨率为 1 280 像素×800 像素时，表示的意思就是在这个屏幕大小的物理尺寸上，显示器所显示的图像由 800 行×1 280 列个像素组成；因此，在同样大小的物理尺寸上，分辨率越高的图像，其像素所表示的物理尺寸越小，画面也就越精细，整个图像看起来也就越清晰。

图像处理软件最常用的是 Adobe 公司的 Photoshop 软件，其存储格式有 BMP、TIFF、EPS、JPEG、GIF、PSD、PDF 等格式。

BMP 格式是 Windows 中的标准图像文件格式，以独立于设备的方法描述位图，各种常用的图形图像软件都可以对该格式的图像文件进行编辑和处理。

TIFF 格式是常用的位图图像格式，TIFF 位图可具有任何大小的尺寸和分辨率，用于打印、印刷输出的图像建议存储为该格式。

JPEG 格式是一种高效的压缩格式，可对图像进行大幅度的压缩，最大限度地节约网络资源，提高传输速度，因此用于网络传输的图像一般存储为该格式。

GIF 格式可在各种图像处理软件中通用，是经过压缩的文件格式，因此一般占用空间较小，适合于网络传输，常用于存储动画效果图片。

PSD 格式是 Photoshop 软件中使用的一种标准图像文件格式，可以保留图像的图层信息和通道蒙版信息等，便于后续修改和特效制作。一般在 Photoshop 中制作和处理的图像建议存储为该格式，以最大限度地保存数据信息，等待制作完成后再转换成其他图像文件格式，进行后续的排版、拼版和输出工作。PDF 格式又称可移植（或可携带）文件格式，具有跨平台的特性，并包括对专业的制版和印刷生产有效的控制信息，可以作为印前领域通用的文件格式。

2.1.2　实验目的

（1）理解图形图像数字化表示的相关概念，掌握图形图像在多媒体技术中的表示方法，以及能够估算图形图像在计算机中存储的大小；

（2）理解图形图像表达信息的效果与特点，学会利用数字化图形图像呈现信息、发表观点、展开交流和合作的手段方法。

（3）围绕一个主题或者观点，以图形图像表达方式做出其创意分析设计，撰写相应实验报告。

2.1.3　实验内容

为实现本实验目的，在数字多媒体中图形图像是最基础的多媒体元素，因此，在已有的条件下，本实验内容包括图形图像的收集获取、打开浏览、查看整理图形图像信息、比较图形图像特征信息、评判图形图像美学效果，以及设计具有一定美学意义和使用价值的图形图像方案，最终规范实验报告。

2.1.4　实验步骤

（1）学习、理解图形图像的基本概念：包括图形图像的基本定义、基本特征、基本格式等。此步骤可以通过查阅相关教材和搜索网络资源，进一步明确图形图像的基本概念。

（2）获取图形图像文件：此步骤可以通过现有计算机系统寻找搜索到系统自带的图形和图像文件，或者学会利用身边的手机、照相机、扫描仪或者摄影器材等设备，即时获取保存各类图形图像文件。此步骤可让学生掌握一定的计算机基础知识和多媒体设备的操作知识。

（3）打开浏览图形图像：利用计算机系统中各类图形图像浏览软件，打开图形或图像。此步骤可让学生在指导老师的指导下选择安装不同类型的软件打开图形图像，欣赏不同的图形图像效果。

（4）查看整理图形图像信息：查看图形图像文件基本的信息特征，如通过基本操作、观察，进一步了解并掌握图形图像的格式、尺寸、像素数、色彩深度和图像大小等信息；还可以通过软件操作反复放大或缩小图形图像，以直观区分图形图像，并整理成表格。

（5）结合美学观念和美学设计知识分析评判这些图形图像的构图以及颜色匹配等美学效果。此步骤让学生掌握美学基本知识，能对此类图形图像做出合理的评价。

（6）结合学习生活场景，如教学课件、生活照以及其他图形图像应用对象等，选择实验主题，重新构思出图形图像的分析设计方案，形成规范的实验报告。

2.1.5　复习思考题

（1）图形与图像文件属性特征的选择与社会经济领域的多媒体需求关系是什么？

（2）最常用的图形图像数字化获取渠道与浏览欣赏利用方式有哪些？

（3）结合自身工作学习生活的实际需求，思考设计出平面的图形图像作品。

（4）撰写符合实验内容要求的实验报告：

① 总结并描述出实验详细过程；

② 指出实验过程中遇到的问题及解决方法；

③ 对于上述思考题有一些基本的分析和思考，归纳提炼出相关结论。

2.2　图形实验项目

2.2.1　基本概念

图形是指由计算机一组指令集合来描述图形的内容，而绘制成的由外部轮廓线条构成的矢量图（如直线、圆、矩形、曲线、图表等），描绘出的对象可任意缩放不会失真。Adobe Illustrator（AI）或者 CorelDraw 软件都是应用广泛的图形制作处理软件，具有矢量绘图功能，还集成文字处理和上色等功能。CorelDraw 来自于 Corel 公司，可用于矢量图形的绘制编辑、位图矢量化、版面设计等工艺领域应用，相关工具的属性容易操作和修改，但其位图输出失真，颜色表达不如 ADOBE 公司的 Illustrator 软件；ADOBE 公司的 Illustrator 软件与其他 ADOBE 工具如 Photoshop 软件等具有较好的兼容性，适合于从事专业设计、插画、网页制作、多媒体以及网页在线制作等人员使用。下面主要介绍 Adobe Illustrator 软件。

2.2.2　实验目的

（1）了解软件的特性及认识软件中工具箱、选项栏和菜单栏等界面，学会使用软件的预置；

（2）学会软件的文件基本操作，包括图形文件的创建和输出等；

（3）学会使用软件的基本工具，包括工具箱、各类面板和效果滤镜；

（4）了解软件基本功能，并学会文字处理、图形绘制、图像变形以及其他功能应用操作。

2.2.3　实验内容

本实验项目包括了 Illustrator 软件界面、Illustrator 软件操作基本流程、Illustrator 软件基本工具使用及其基本功能的实践应用等操作内容。

2.2.4　实验步骤

单击【开始】按钮选择【程序】，然后选择 Adobe Illustrator，打开 Illustrator 工作界面，如图 2-1 所示。

整个界面包括菜单栏、工具面板、控制面板、页面（即绘图窗口或画板）、各选项面板与页面状态导航等。

1. Illustrator 界面

（1）菜单栏。菜单是非常重要的组件之一，每个菜单都包含了多条命令，它们都对应着一项软件的功能，有的菜单命令后有一个省略号，表示选择该命令后能弹出相应的对话框进行选项设置；有的菜单命令呈现灰色，表示在当前情况下不可用，需选中相应的对象或进行合适的设置。Illustrator 总共包含了 10 个菜单，分别是 File（文件）菜单、Edit（编辑）菜单、Object（对象）菜单、Type（文字）菜单、Select（选择）菜单、Effect（效果）菜单、View（视图）菜单、Window（窗口）菜单、Help（帮助）菜单等。

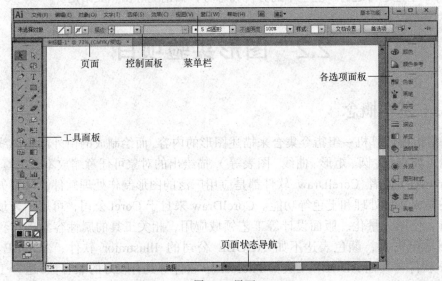

图 2-1　界面

（2）软件预置。在 Illustrator 中，用户可以通过【首选项】命令，对软件各种参数进行设置，方便以后的绘制编辑应用工作。

选择菜单栏中的【编辑】|【首选项】命令，可以打开【首选项】对话窗口。在该对话窗口中，用户根据需要选择【首选项】对话框中的相应选项，如常规、选择和锚点显示、文字、单位、参考线和网格、智能参考线、切片、字典和连字、增效工具和暂存盘、用户界面、文字处理与剪贴板以及外观等，可在其中进一步设置合适的工作环境参数。

选择【编辑】|【首选项】|【常规】命令，或按"Ctrl"＋"K"组合键，打开【首选项】对话框中的【常规】选项，如图 2-2 所示。

其他预置项目，可以通过单击相应的选项进行选择、查看和设置。

（3）面板。Illustrator 中常用的命令面板以图标的形式放置在工作区的右侧，用户可以通过单击右上角【展开面板】按钮来显示面板，这些面板可以帮助用户控制和修改图形。要完成图形制作，面板的应用是不可或缺的。在 Illustrator 提供了数量众多的面板，其中常用的面板有图层、画笔、颜色、轮廓、渐变、透明度等。通过拖曳选项板上的标签，可以把多个选项板合并放置在一起以节省空间。按下"Tab"可以隐藏所有的选项板和工具箱，按"Shift"＋"Tab"组合键隐藏所有的选项板，但不隐藏工具箱。

2. Illustrator 文件创建和输出

（1）文件新建（"Ctrl"＋"N"组合键）。

① 画板创建属性设计，如图 2-3 所示；包括文档名称、预设配置文件、画板数量及其布局、大小、宽度、单位、高度、出血、颜色模式等属性选项。此处采用默认属性即可。

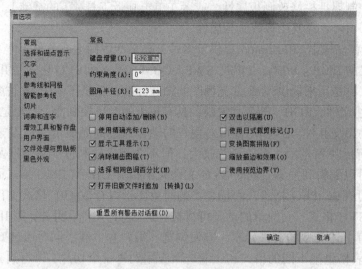

图 2-2　首选项

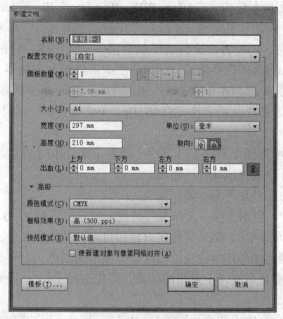

图 2-3　新建文档属性设计

② 画板的放大缩小。画板的放大缩小操作可按住"Alt"键的同时滚动鼠标滑轮来实现，也可以按住"Ctrl"键的同时，单击"+"或者"—"键来实现，而如果双击平移工具🖐或者按住"Ctrl"键的同时单击"O"键则可一次性地满画板显示。

③ 画板平移。画板的平移操作在放大画板的时候，画板中的对象可能超出屏幕外，则可用平移工具（或者按"H"键），也可以按住空格键不放的同时按住左键并移动鼠标可移动画板。

④ 画板选项。画板选项是很重要的属性设置面板，有多种方式进入，如从菜单栏【窗口】进入【画板面板】，在画板层的左侧单击按钮□，也可以弹出【画板选项】窗口，在其中修改画板属性；也可以单击【工具面板】中的画板工具□（或者"Shift"＋"O"组合键），

在画板工具的控制属性栏修改画板属性，或者在单击画板工具 的基础上，再按回车键弹出【画板选项】窗口，在其中修改画板属性。

（2）导出与存储输出。Illustrator 提供了多种工具来产生网上或各种媒体发布的图形或格式，常用的格式的 BMP、JPEG、TIFF、SWF、CGM、等，而 SVG 格式是 Illustrator 的 Web 图形的主要格式，是用来提供 Web 非光栅图的图像标准，提供了一个 16 位颜色的调板，支持 ICC 颜色描述文件、RGB、渐变和蒙版，具有超级的颜色控制能力，也是具有基于 XML 的无可匹敌的动态交互性。SVG 图像可对用户的动作通过高光显示、工具技巧、特殊效果、声音和动画进行反映和显示，可以任意放大，但不会删除锐利度、清晰度及细节，文字状态依然保留，可以编辑和搜索，同时 SVG 文件大小相对 GIF 和 JPEG 格式而言小得多；网上发布的图形可存成 JPEG 格式，商标之类的简单图形可存成 GIF 格式文件，文本和矢量图形比较适合 SVG 格式，而简单的动画可以被存成 SWF 文件；另外，用 Illustrator 设计的网页可包括所有上述类型的文件元素，方便浏览、编辑和下载，同时通过 Illustrator，可以在一个 HTML 表格里把不同的格式和压缩选项应用到每一个切片，以得到完全适合内容的满意效果。

Illustrator 提供了多种存储格式：Adobe PDF、Illustrator、Illustrator EPS、SVG 等。Adobe PDF 是 Adobe Acrobat 应用软件的格式，当文件存储成 PDF 格式时，就可用 Acrobat Reader 软件打开文件进行浏览，但是许多文件特征就会消失，如字体、颜色特征、模式和竖排文字等。Illustrator 是 Illustrator 自身模式，在对话框中可选择与旧版本文件格式兼容的格式，但是新版本的功能，会在旧版本中会消失。Illustrator EPS 是多数排版软件和文字处理软件都可识别的格式，如果以此特定格式存储 Illustrator 文件时，原生透明度信息可被保留下来。

Illustrator 的输出可选择【文件】|【导出】或者【文件】|【存储】等命令，在弹出的对话框中选择相应的文件格式完成文件的输出。

在输出使用时，可注意如下基本操作要点。

① 在 Illustrator 中，应用于网上发布文件的色彩模式应选择 RGB，用于打印印刷，颜色模式应选择 CMYK，而通常的 Web 优化可以使用自定义的优化设置；当将文件格式设定为 GIF 或 PNG-8，可以浏览颜色样本并且可以调整图像中的颜色。

② 针对矢量图光栅化后在网上发布的结果，可先选择【View 视图】|【Pixel Preview 像素预览命令】查看效果；

③ 通过【脚本】命令输出图形为网上专用格式，如 SVG 格式和 SWF 格式。

④ 如果 Illustrator 中的矢量图是与外部文件存在链接，那么就要注意文件路径问题，当然也可以将图嵌入 Illustrator 文件中。

3. Illustrator 基本工具实践操作

（1）工具箱。工具箱是非常重要的功能组件，它包含了 Illustrator 中常用的绘制、编辑和处理的操作工具。由于工具箱大小的限制，许多工具并未直接显示在工具箱中，因此许多工具都隐藏在工具组中。在工具箱中，如果某一工具的右下角有黑色三角形，则表明该工具属于某一工具组，工具组中的其他工具处于隐藏状态。用户需要使用某个工具时，只需单击该工具即可，而将鼠标移至工具组图标上单击即可打开隐藏工具组，单击隐藏工具组后的小三角按钮即可将隐藏工具组分离出来；选中相应工具之后，按"回车键"可以打开工具参数选项面板，可在其中进行对象属性的精确设置。

【选择工具】（快捷键 "V"）用于选择和移动完整的物体。

【直接选择工具】（快捷键 "A"）用于选择物体里的一些点的一些路

线段，而【编组选择工具】用于选中一组物体，在这一组的某个物体上移动鼠标键即可选择。

【魔术棒工具】（快捷键 "Y"）用于快速选取同一色度的区域。

【套索工具】（快捷键 "Q"）用于快速选取鼠标路径所通过对象上的节点或路径。

【钢笔工具】（快捷键 "P"）用于绘制各种直线与曲线；【添加

锚点工具】可以对已有路径上任意地方添加节点并对路径进行编辑；【删除锚点工具】对已有路径上任意地方将节点删除；【转换锚点工具】此工具可以调整路径的形状，用于细微处的调整。

【文字工具】（快捷键 "T"）用于在鼠标区域内选中的位置输入文字；

【区域文字工具】可以将物体改变为一个图形区域，在其内可添加文字；【路径文字工具】可沿特定的路径插入文字；【直排文字工具】可以输入竖形文字；【直排区域文字工具】可以在特定的图形区域内添加竖形文字；【竖形路径文字工具】可沿特定的路径插入竖形文字。

【直线工具】（快捷键 "\"）用于绘制直线，按 "Shift" 键可绘制出 45°

倍数的直线；【弧形工具】用于绘制各种弧形线线段；【螺旋线工具】可以用来绘制顺时针和逆时针的螺旋线；【矩形网格工具】用于画矩形网格的工具，按 "Shift" 键可绘制出正方形；【极坐标网格工具】用于绘制极坐标网格的工具，切换到极坐标网格工具后，单击鼠标左键不放，按上下键可调整坐标的圆数目，按左右键可调整坐标的分隔线数目，按空格键可移动坐标的位置，"Alt" 键是以中心点绘画，"Shift" 键可画出正圆的坐标，调整好后再松开鼠标左键。

【矩形工具】（快捷键 "M"）用于绘制直角矩形的工具；圆角矩形工具

用于绘制四角圆滑的矩形工具；【椭圆工具】（快捷键·L）可以绘制圆形或者椭圆形，按 "Shift" 键可绘制出正圆形；【多边形工具】用于绘制 5 边以上的多边形工具，边数可增加设定；【星形工具】用于绘制星状的工具；【光晕工具】用于绘制有光晕效果图形工具。

【画笔工具】（快捷键 "B"）可以模拟画笔的笔划，创建封闭路径的物体。在画笔上双击鼠标键能弹出一个对话窗，以选择某种效果。

铅笔工具 （N）
平滑工具
路径橡皮擦工具
【铅笔工具】（快捷键"N"）同画笔功能一样，用于徒手绘制曲线；【平滑工具】此工具可使路径变得平滑；路径橡皮擦工具用来清除路径段。

【斑点画笔工具】可绘制无描边、有颜色填充效果的图形，而【画笔工具】绘制的图形是路径，有描边，无填充颜色效果的。

橡皮擦工具 （Shift+E）
剪刀工具 （C）
刻刀
【橡皮擦工具】（"Shift"+"E"组合键）用来擦除图形的某一部分；

【剪刀工具】（快捷键"C"）用于剪断路径，将一个路径剪成两个或多个独立的路径，也可以将封闭的路径变成开放路径；【刻刀工具】可将一个封闭的区域裁开成为两个独立的区域。

旋转工具 （R）
镜像工具 （O）
【旋转工具】（快捷键"R"）用于按水平轴或垂直轴方向旋转物体；双击此工具，就可以弹出选项面板，在其中相应的选项框中输入变形的角度数值，就可以得到以图形的中心点为基准点的图形，还可以复制一个新的图形，按住鼠标拖曳的过程中按住"Alt"键就可以复制一个新图形并保持原图形大小不变；【镜像工具】可将物体按水平或垂直轴镜像。

比例缩放工具 （S）
倾斜工具
整形工具
【比例缩放工具】（快捷键"S"）用于成比例缩放对象，可以改变对象的水平、垂直比例，用均匀或非均匀的比例进行缩放，还可以保留原物体不变并产生一个缩放后的复制；【倾斜工具】通过设定来扭曲或者倾斜选定的对象；【整形工具】用于改变路径上所选节点的位置但不改变整个路径的形状。

宽度工具 （Shift+W）
变形工具 （Shift+R）
旋转扭曲工具
缩拢工具
膨胀工具
扇贝工具
晶格化工具
皱褶工具
【宽度工具】可以对加宽绘制的路径描边，并调整为各种多变的形状

效果；【变形工具】在选取的图形上进行涂抹，可以通过移动鼠标方向对物体的形状沿移动方向进行变形；【旋转扭曲工具】可用于对选定对象进行漩涡扭曲；【缩拢工具】可以对选定的对象进行紧缩变形；【膨胀工具】可以对选定的对象进行膨胀变形；【晶格化工具】可以添加锥形细节；【皱褶工具】可以对选定的对象添加折褶的变形细节。

【自由变换工具】（快捷键"E"）对选定的对象进行各种旋转缩放倾斜等变形。

形状生成器工具 （Shift+M）
实时上色工具 （K）
实时上色选择工具 （Shift+L）
【形状生成器工具】（"Shift"+"M"组合键）可以快速绘制出一些特殊的图形；【实时上色工具】（快捷键"K"）可以给图形封闭区域上色；【实时上色选择工具】（"Shift"+"L"组合键）可以选择出交叉封闭区域（注意这里可以先利用菜单栏【对象】|【实时上色】|【建立】命令）。

■ ⊞ 透视网格工具 (Shift+P)
▶ 透视选区工具 (Shift+V)

【透视网格工具】（"Shift" + "P" 组合键）可启用网格功能，支持在真实的透视图平面上直接绘制三维图形，相关对象自动匹配成不同维度上的透视图形，如果要调整透视图形，可按 "Shift" + "V" 组合键或者单击【透视选区工具】，即可选中透视图形，可对透视图形进行调整；如果要隐藏透视网格，可单击左上角小图标的【X】，或者直接按 "Ctrl" + "Shift" + "I" 组合键，即可隐藏网格。

▨ 【网格工具】（快捷键 "U"）用于将图形转换成具有多种渐层颜色的网格对象。

▬ 【渐变工具】（快捷键 "J"）用于改变对象的渐层填充的角度和中心。

■ ✒ 吸管工具 (I)
▭ 度量工具

【吸管工具】（快捷键 "I"）可用于吸取轮廓、填充色、文字属性、AI界面之外的颜色等；【度量工具】用于测量文件中所选物体两点间的距离。

▦ 【混合工具】（快捷键 "W"）对多个图形对象之间从形状到颜色生成混合效果。除了使用此工具方式之外，还可以使用菜单命令下的【Object】|【Blend】【Make】来完成，注意使用混合工具，首先点选要混合的起始点，然后单击被混合的物体目标，释放鼠标后即完成混合。在使用混合工具时，将光标移到要进行混合的路径上时，如果 Blend 工具的光标下方没有出现小 "+" 或 "×" 时，则表示不能进行混合。

■ ▦ 符号喷枪工具 (Shift+S)
　 ⊚ 符号移位器工具
　 ⊛ 符号紧缩器工具
　 ⊚ 符号缩放器工具
　 ⊚ 符号旋转器工具
　 ◍ 符号着色器工具
　 ⊚ 符号滤色器工具
　 ◎ 符号样式器工具

【符号喷枪工具】（"Shift" + "S" 组合键）将多个符号范例作为一个集合同时放置在面板上；【符号移位器工具】移动符号范例；【符号紧缩器工具】将几个符号范例聚集起来；【符号缩放器工具】用来调整符号范例的大小；【符号旋转器工具】可以对符号进行旋转等微调；【符号着色器工具】为符号范例上色；【符号滤色器工具】改变符号范例的透明度；【符号样式器工具】用于改变符号范例的样式（用【选择工具】选择符号组后，回到【符号样式器工具】在【图层样式面板】中选择样式，即可更改样式）。

■ ▥ 柱形图工具 (J)
　 ▥ 堆积柱形图工具
　 ▤ 条形图工具
　 ▨ 堆积条形图工具
　 ⊿ 折线图工具
　 ◿ 面积图工具
　 ⣿ 散点图工具
　 ◔ 饼图工具
　 ◈ 雷达图工具

【柱状图工具】（快捷键 "J"）可通过输入的数据生成柱状图表；【堆积柱形图工具】可通过输入的数据生成叠加柱状图表；【条形图工具】可通过输入的数据生成条状图表；【堆积条形图工具】可通过输入的数据生成叠加形状表；【折线图工具】可通过输入的数据生成折线图表；【面积图工具】可通过输入的数据生成区域图表；【散点图表工具】可通过输入的数据生成散点图表；【饼图工具】可通过输入的数据生成饼状图表；【雷达图工具】可通过输入的数据生成雷达图表。

■ ✂ 切片工具 （Shift+K）
　　✂ 切片选择工具

【切片工具】（"Shift" + "K"组合键）可以设将计好的图片（网页），进行切割，完成后将按照切割的样式自动存储相应的图片；【切片选框工具】用于选取切片。

■ ✋ 抓手工具 （H）
　　🗅 打印拼贴工具

【抓手工具】（"H"快捷键）可以对面板进行移动，用以观察画面的不同部分，当使用工具箱中其他工具时，按下空格键就会出现手形工具；【打印拼贴工具】用于当设计的画面尺寸超过了打印的纸张大小时，在菜单【文件】|【打印】弹出的面板中设置即可在多张纸上面切分打印，然后再粘贴起来。

□ 【页面工具】此工具用于调整确定页面的范围。

🔍 【缩放工具】（快捷键"Z"）用来放大和缩小图形以便观察效果，当使用工具箱中其他工具时，按下"Ctrl" + "空格键"组合键就会出现放大镜，按下"Ctrl" + "Alt" + "空格键"组合键就会出现缩小镜。

（2）基本面板。Illustrator 中的控制面板用来辅助工具箱中工具或菜单命令的使用，对图形或图像的修改起着重要的作用，灵活掌握控制面板的基本使用方法有助于帮助用户快速地进行图形编辑。

Illustrator 中有【颜色面板】与【色板面板】，用来进行颜色的选取、命名和编辑等。其中在【颜色面板】（见图 2-4）中可以看到相应的颜色模式：HSB 模式、RGB 模式、WEB 安全 RGB、CMYK 模式与灰度模式等。HSB 模式是色相（Hue）、饱和度（Saturation）和亮度 3 个特征来描述颜色的，此种颜色模式接近于传统绘画中混合的颜色。RGB 是一种由红（Red）、绿（Green）、蓝（Blue）组成的加色模式，用 0～255 的整数来表示。CMYK 是一种由青、品红、黄、黑组成的一种减色模式，是一种用于印刷的颜色模式。它和专色有区别，专色是预先混合好的油墨，由印刷业使用一个标准的颜色系统配置，如所需的颜色无法表现出来（如荧黄与烫银），此时就需要专色来完成。灰度模式就是使用不同浓淡的灰色来表现物体的颜色模式。这些颜色模式的选择可以通过【颜色面板】的选项来选择，还可以通过在【颜色面板】底下的颜色条，按住"Shift"键单击，颜色模式可以在 5 种颜色模式之间来回转换；如果增加当前颜色的饱和度，也可以按住"Shift"键，拖曳【颜色面板】上的颜色通道下面的滑块，这样所有滑块也会一起调整；如果按住"Shift" + "X"组合键可以将填充和描边颜色对换，在对象选中的情况下，按住"D"键则恢复描边和填充默认状态，即黑白状态。

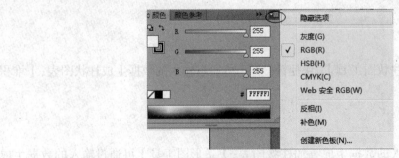

图 2-4　颜色面板

【色板面板】也可以用来设定填充色和边线色，包含了印刷四色和专色、渐变色与图案。我们可以从色板库中选择不同应用场合的颜色，也可以从【颜色参考面板】中编辑或直接选调颜色或颜色组进入【色板面板】中。为对象填充颜色，可选中对象后，在色板上单击色块即可填充，填充时可选择单色、渐变和图案，如图 2-5 所示。

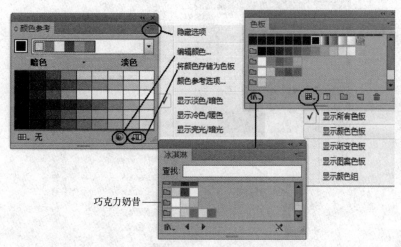

图 2-5 【颜色参考面板】与【色板面板】

【变换面板】可以通过菜单栏上【窗口】|【变换面板】打开，主要为面板上的选中对象精确定位及调整位置、大小、倾斜角度等信息。在【变换面板】上有图形的参考点【黑色的参考点即（0,0）坐标】，另外坐标 X、Y 数值可以在原值上进行加（+）、减（−）、乘（*）、除（/）运算。

【画板面板】可以创建新画板、删除画板以及多个画板的排序，可以打开画板选项进行设置等，可以以组合键的方式"Shift"+"O"编辑画板，按住"Alt"键，按住鼠标左键并移动画笔进行画板复制等。

【画笔面板】是画笔工具绘制图形重要的辅助手段，里面包含已有的画笔库，也可以生成新的画笔，可以对对象进行重新设定选定类型的画笔风格，如图 2-6 所示。

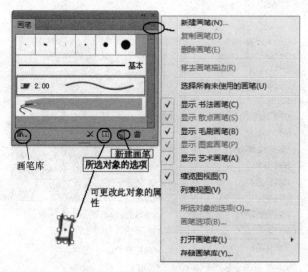

图 2-6 画笔面板

【符号面板】是符号系列工具绘制特殊图形重要的辅助手段，里面包含已有的符号库，也可以在画板上画出图形生成新的符号，如图 2-7 所示。

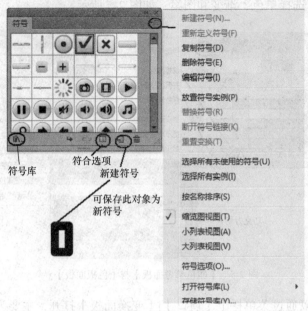

图 2-7 符号面板

【外观面板】可以为对象修改外观属性，如描边、填色、不透明度等的属性，还可以利用外观面板下方的 *fx.* 效果（提示：此设置也可以从菜单栏中的【效果】中选择获取），添加对象其他效果属性，如为矩形对象添加圆角矩形效果，并能重新调整圆角大小，而不会损坏源矩形，随时可以修改圆角属性而回到矩形路径形状，如图 2-8 所示。另外，当你已经在当前对象上添加过效果，我们可以在菜单栏中执行【对象】|【扩展外观】命令（提示：扩展对象可用来将单一对象分割为若干个对象，这些对象共同组成源对象的外观），得到新的编组，内含几个具有当前对象的单独属性的图形，这可以通过执行【对象】|【取消编组】命令来查看。

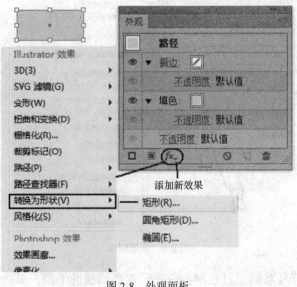

图 2-8 外观面板

【透明度面板】（见图 2-9）主要用于设置对象的透明度属性、对象间的混合模式以及不透明蒙版等效果，其中设置不透明蒙版分为剪切蒙版和反相蒙版，其蒙版右边部分可以看出黑色部分意味着是不透明的，白色意味着是透明的，而如果是不同程度的灰色（渐变色）可用来代表半透明。

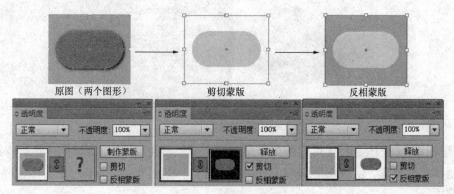

原图（两个图形）　　　　　剪切蒙版　　　　　反相蒙版

图 2-9　透明度面板

【图层样式面板】（见图 2-10）包含了已有的【图层样式库】，也可以将做好的对象外观效果等保存为新的图层样式，可以在以后编辑对象过程加以重复利用。如果想利用多个图层样式作用于同一对象，在选择好对象情况下，可以选择相应的图层样式，在【图层样式面板】右上角菜单选项中选择合并图层样式即可生成新的图层样式。此时对象上新添加的效果属性（包括图层样式）是可以在【外观面板】中进行查看和再编辑的。

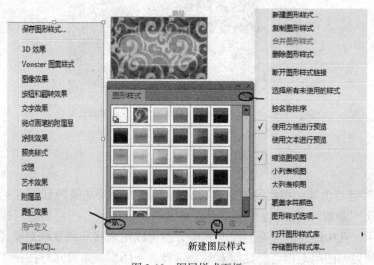

图 2-10　图层样式面板

【渐变面板】可以通过菜单栏【窗口】|【渐变面板】打开、或者双击【渐变工具】，当然也可以选择【渐变工具】之后按回车键，即可弹出【渐变面板】，其渐变类型只有线性和径向渐变两种。在面板上绘制图形之后，可对图形添加渐变填充或描边，把鼠标移动到渐变条上面，就会在图形上出现渐变控制器，出现颜色滑块，使用鼠标拖曳滑块位置更改色彩位置，拖曳某个色标到图形之外，可以删除滑块，而如果双击某个滑块则可以弹出颜色面板，可调整颜色，如图 2-11 所示。

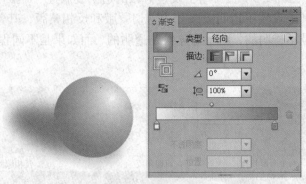

图 2-11　渐变面板

【图层面板】（见图 2-12）可容纳多个图层和子图层，通过图层实现对不同层叠对象及其效果的制作编辑处理，实现图形编辑多种组织功能，例如对象和图层的选择、移动、复制、合并和蒙版等。

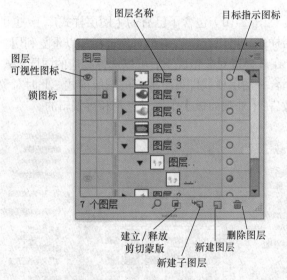

图 2-12　图层面板

按住 "Alt" 键单击某一图层的 "眼睛"，则其他所有图层对象隐藏不可见；按住 "Ctrl" 键单击某一图层 "眼睛"，则可使得图层对象显示为外框模式。图层名称可以被更名；目标指示图标可以用来选中图层的所有对象，其中方块可以用来移动和复制对象（在方块上按住鼠标左键拖曳到另一图层上即可将此层对象移动到另一图层，如果同时按住 "Alt" 键则是复制图层对象到另一个图层）。

（3）效果滤镜。

① 矢量图形的转化。Illustrator 虽是一个矢量图形软件，但对位图的支持也非常好。如需要对矢量图形转化为位图，最常用的方法是使用【对象】|【栅格化】命令。该命令能将选定的任何线条稿转化为基于像素的位图，并且可以根据用户的需要设定分辨率。

② 滤镜。

• Color（颜色）滤镜。Color 滤镜的主要作用是调整对象的颜色，共有 10 个滤镜，处

在菜单栏【编辑】|【编辑颜色】（见图 2-13）中。

（Blend Front to Back）前后混合：可以使最前面和最后面对象之间的填充色发生混合，并把混合的最终颜色填充到位于这两个图形中间的所有图形上。

（Invert Colors）反相颜色：创建对象颜色的相反色。运用此滤镜时需注意，对象如不是RGB 模式，动用时它的颜色模式首先会转达为 RGB 模式。

（Overprint Black）叠印黑色：用户可向选取中的对象运用黑色套印，还可以设置套印的最小百分比。

（Blend Vertically）垂直混合：它能够混合最上面和最下面图形之间的颜色，并把混合的最终颜色填充到位于这两个图形中间图形上。

（Blend Horizzontally）水平混合：它能够混合最左侧和最右侧图形之间的颜色，并把混合的最终颜色填充到位于这两个图形中间的所有图形上。

（Adjust Colors）调整色彩平衡：从选定的对象中增加或减少某种基本颜色的比例，或改变选定模式的颜色模式，获取自己需要的颜色。

（Saturate）调整饱和度：这个滤镜可以增加和减少选定对象的颜色强度。

（Convert TO CMYK）转换颜色模式为 CMYK。

（Convert To RGB）转换颜色模式为 RGB。

（Convert To Grayscale）转换颜色模式为灰度。

• Create（创建）。object Mosaic：创建对象马赛克。它可以在位图上创建像马赛克的小格子一样组成的矢量图形。Trim Mark：裁剪标志。此滤镜可对选定的对象创建剪裁标记，以便于后期的制作与输出。

• Distort（扭曲）（见图 2-14）。

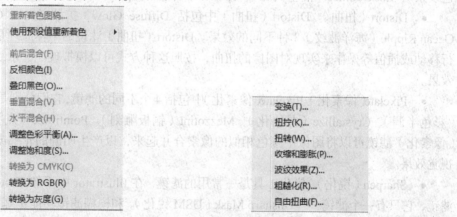

图 2-13　编辑颜色　　　　　　　图 2-14　扭曲与变换

（Scribble &Tweak）扭拧：此滤镜能够移动对象的节点并改变控制柄方向，从而改变对象的外观。

（Twist）扭转：此滤镜能以对象的中心为基准点进行扭转，并且可以输入数值进行精确地扭转。正值按顺时针方向扭转，负值为逆时针方向扭转。

（Pucker &Bloat）收缩和膨胀效果：此滤镜可以对对象产生类似收缩可膨胀的边缘效果。

（Zig）波纹效果：此滤镜能够对已有的对象添加节点，然后进行移动，使路径产生近似涟纹锯齿的形状。

（Roughen）粗糙化：此滤镜能自动增加节点，并能随机移动全部节点，使节点全部变为直角点或圆滑点，使图像变得粗糙。

（Free Distort）自由扭曲：能够通过移动边框来扭曲对象从而制作出具有透视效的果。

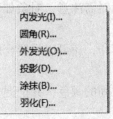

图 2-15　风格化

• Stylize（风格化）。此滤镜能够快速地向选定的对象添加具有风格化的新元素，例如内发光、圆角、外发光、投影、涂抹、羽化等（见图 2-15）。

AI 与 Photoshop 相兼容的滤镜有以下几种。

• Artistic（艺术效果）。艺术效果分别包括 Colored Pencil（彩色铅笔）、Cutout（木刻）、Dry Brush（干画笔）、Film Grain（胶片颗粒）、Fresco（壁画）、Neon Glow（霓虹灯光）、Paint Daubs（绘画涂抹）、Palette Knife（调色刀）、Plastic Wrap（塑料包装）、Poster Edges（海报边缘）、Rough Pastels（粗糙彩笔）、Smudge Stick（涂抹棒）、Sponge（海绵）、Underpainting（底纹效果）、Watercolor（水彩）15 种效果。

• Blur（模糊）。模糊滤镜中包括有两个滤镜，它们分别是 Gaussian Blur（高斯模糊）、Radial Blur（径向模糊）。像 Photoshop 一样，Gaussian Blur（高斯模糊）滤镜是最常用到的特效，该滤镜效果可以调节，同时模糊效果特别明显，主要用在制作倒影或者阴影的场合。Radial Blur（径向模糊）在 Photoshop 中叫作动态模糊，它可以使得图像中的景物产生旋转或者运动的效果，我们同样可以控制模糊中心的位置。

• Brush Strokes（画笔描边）。在画笔描边滤镜组中共有 8 个滤镜，它们分别是 Accented Edges（强化的边缘）、Angled Strokes（成角的线条）、Crosshatch（阴影线）、Dark Strokes（深色线条）、Ink Outlines（油墨概况）、Spatter（喷笔）、Sprayed Strokes（喷色线条）、Sumi-e。

• Distort（扭曲）。Distort（扭曲）中包括 Diffuse Glow（扩散亮光）、Glass（玻璃）、Ocean Ripple（海洋波纹）3 种不同的效果。Distort（扭曲）滤镜的工作原理是通过对像素进行移动或插值等操作来实现对图像的扭曲，按照这种方式可以模拟玻璃、水纹和火光等自然效果。

• Pixelate（像素化）。Pixelate（像素化）中包括 4 个不同的滤镜，它们分别是 Color Halftone（彩色半调）、Crystallize（晶格化）、Mezzotint（铜板雕刻）、Pointillize（点状化）。Pixelate（像素化）滤镜可以将图像中颜色相似的像素合并起来，以产生明确的轮廓或者一些特殊的视觉效果。

• Sharpen（锐化）。锐化工具是一常用的滤镜，在 Illustrator 中不像 Photoshop 中有多个滤镜，它只有一个滤镜——Unsharp Mask（USM 锐化）。和模糊滤镜功能正好相反的 USM 锐化滤镜通过加强相邻像互点间的对比度，草拟胶片负片和原始胶片的组合，从而使模糊图像产生清晰的边缘效果。

• Sketch（素描）。Sketch（素描）滤镜组中提供了 14 个滤镜，分别是 Bas Relief（基底凸线）、Chalk Charcoal（粉笔和炭笔）、Charcoal（炭笔）、Chrome（铬黄）、Conte Crayon（彩色粉笔）、Graphic Pen（绘图笔）、Halftone Pattern（半调图案）、Note Paper（便条纸）、Photocopy（副本）、Plaster（塑料效果）、Reticulation（网状）、Stamp（图章）、Torn Edges（撕边）、Water Paper（水彩画纸）。

• Texture（纹理）。Texture（纹理）滤镜组中有 6 个滤镜，它们分别是 Craquelure（龟裂缝）、Grain（颗粒）、Mosaic Tiles（马赛克拼贴）、Patchwork（拼缀图）、Stained Glass（染

色玻璃）、Texturizer（纹理化）。Texture（纹理）中的滤镜可以使图像产生各种纹理效果，还可以利用前景色在空白的图像上制作纹理图。

- Video（视频）。NTSC Colors（NTSC 颜色）、De-Interlace（逐行显示）是构成 Video（视频）滤镜组的两种滤镜。Video（视频）可以从摄像机输入图或者将 Illuatrator 格式的图像输出到录像带上，主要用来解决 Illuatrator 格式图像与视频图像交换时得到的系统差异的问题。

4. Illustrator 基本功能实践操作

Illustrator 软件可实现图形绘制、文字处理、对象外形调整以及颜色调整等基本功能，Illustrator 创意作品的实现都可基于上述工具箱、面板以及效果滤镜等基本工具的应用，通过基本功能组合实现预期分析设计效果。

（1）基础操作。

① 绘图可以选择用矩形、线条以及画笔等绘图系列工具，在画板上拖曳即可，如果要精确数值，可先用鼠标单击画板，即出现属性设计框，进行填写相应的属性值，即可在画板上出现满足属性设置要求的对象。

② 选择、移动、缩放、旋转等用【选择工具】即可，有必要的话可以再加辅助键 "Shift" 或 "Alt"；如果按住 "Shift" 键，则施加在对象上的操作按照水平、垂直或者 45° 类似角度进行位置变化，或者等比例缩放变化；如果按住 "Alt" 键，则可复制对象。如果是要精确地重复复制旋转，则需单击【旋转工具】，然后按住 "Alt" 键，同时用鼠标左键单击对象中心点，并持续按住鼠标左键将中心点移动到合适的位置，使得中心点成为旋转的圆心，松开鼠标左键就会出现旋转属性面板，此时可在其中输入旋转的度数，并单击面板中的【复制】按钮，然后在键盘上重复按 "Ctrl+D" 组合键，即可得到多个围绕中心点重复旋转的对象。

③ 上色去色等也可以先用【选择工具】选择对象，然后在 处进行双击填充或者边线图示，则可以进一步在拾色器或者颜色面板等处选择颜色样式。

④ 保存或导出应用。AI 中已做好的设计对象及属性，根据需要可以打开符合面板、颜色参考面板或图形样式面板等，在其中进行新建，即可以保存在对应的库中，可以利用合适的工具在下次类似的应用中加以重复利用。

（2）文字处理。Illustrator 工具箱中提供了 6 种文字输入工具，分别是常规文字工具、区域横（直）排文字工具、横（直）排文字工具和路径文字工具。使用以上 6 种文字工具，可以做出文字在封闭区域内分布、文字沿路径排列等炫目的效果。

文字输入时可在光标闪烁处直接输入文字，也可以通过复制的方法粘贴文字到既定的区域内。在使用路径工具时，封闭和开放的路径都允许文字沿路径方向排列。文字位置有问题时，用【直接选择工具】在对象边缘移动，观察鼠标形状变化，变为带竖短线左或者右小箭头形状时，按下左键拖曳鼠标，用鼠标拖曳路径文字的起始点，可将文字移动路径的另一边。当希望得到封闭路径内部环形文字时，在输入文字完成后按【直接选择工具】选中，菜单【文字】|【路径文字】|【路径文字选项】，打开对话框，单击【翻转】前的复选框；如要给文字上色，只要选中文字，在调色板中选出你所需的颜色即可；如果单个字体拆分，可以先沿着路径打字，然后选择对象中的拼合透明度，再取消编组，此形成的单个字可以再编辑，而如

果在文字菜单中创建轮廓，得到的文字不能再调字体等。

文字字符。单击菜单栏的【窗口】|【文字】|【字符】（"Ctrl"＋"T"组合键）就会出现文字规格调板，此窗口中可以方便地改变文字的各种设定，如文字的大小、行距、字距、纵向被缩放、横向被缩放、调节文字的上下位置等。

文字段落。选择【窗口】|【文字】|【段落】（"Ctrl"＋"M"组合键）就会出现段落规格命令：左缩格、右缩格、段落首行缩排、段前距等，如图2-16所示。

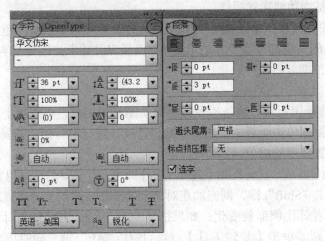

图2-16　文字字符段落面板

文字图形化。要使文字变为图形，以便更好地方便绘制的需要，只要选择【Type】|【Create Outline】（"Ctrl"＋"Shift"＋"O"组合键）就可以方便地把文字转化为图形。

文字变形可以采取路径形式，也可以用文字属性制作封套变形属性来设置。

（3）图形制作。

① 选择【钢笔工具】，选择【颜色面板】合适的填充颜色，在面板上用【钢笔工具】勾勒出图形，如需要调整也可以使用【直接选择工具】调整路径及形状（见图2-17）。

② 先选中选择工具，单击图形，再选择旋转工具，对象出现中心点（见图2-18）。

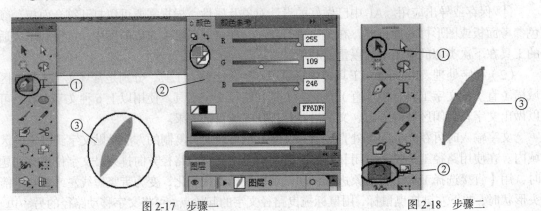

图2-17　步骤一　　　　　　　　　　　　　　　图2-18　步骤二

③ 将鼠标移动到中心点，按住"Alt"键，按下鼠标左键不放，将中心点移动到图示最下端，并弹出旋转面板，将角度选项度数改为30，选择预览，单击复制按钮（见图2-19、图2-20）。

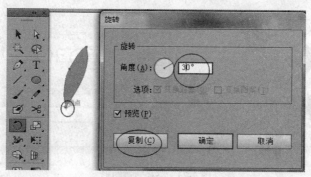

图 2-19　步骤三

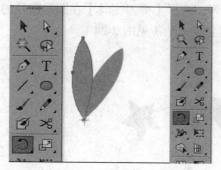

图 2-20　单击复制按钮

图 2-21　步骤四

④ 此时可连续按 "Ctrl" + "D" 组合键，则得到图 2-20 所示图形。

⑤ 添加效果。选择全部图形，打开外观面板，添加描边，修改颜色或参数等（见图 2-22）。

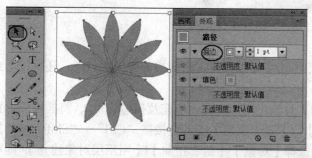

图 2-22　添加效果图

（4）路径轨迹图形。

① 首先用【星形工具】画出星形（填充色和描边色先设置好），然后回到【选择工具】选择星形，按住 "Alt" 键复制一个星形。

② 选中这两个星形后选择菜单栏上的【对象】|【混合】|【建立】使之成为一个混合。

③ 选中这个混合后的对象，在菜单栏【对象】|【混合】|【混合选项】中可以选择 "指定的步数" ——这个数目就代表这两个物体之间多出来的物体数目。

④ 还可选择相对于 "路径" 旋转。

⑤ 用【椭圆工具】画出一个正圆（拖曳鼠标的同时按住 "Shift" 键）。

⑥ 同时选中上面做出的混合和画出来的正圆，选择菜单栏的【对象】|【混合】|【替换混合轴】，混合就沿着这个圆排列（见图 2-23）。

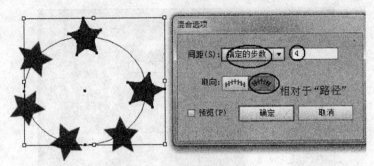

图 2-23　路径轨迹图形

⑦　如果要使得圆形路径上的星形均匀排列，选择【剪刀工具】在圆形路径的某处剪开一个口子即可，特别注意，剪开后星形的数目会少一个（见图 2-24）。

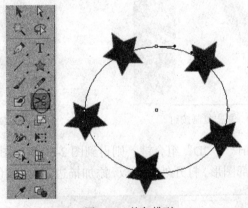

图 2-24　均匀排列

（5）图像变形。图像变形除了用变形工具或自由变换等变换工具外，还可以用封套的形式来建立。

①　先打开图像，再用椭圆工具画出图形（有无填充及描边均可），将椭圆图形置于顶层（单击右键快捷菜单，选【排列】|【置于顶层】或者直接按"Ctrl"+"Shift"+"】"组合键），然后选中这两个对象，再选择【对象】|【封套扭曲】|【用顶层对象建立】，即可将图像封套进椭圆图形中（见图 2-25）。

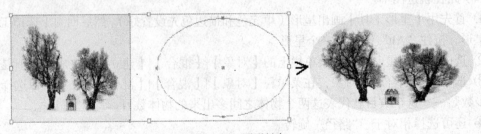

图 2-25　图形封套

②　如果要建立更为丰富的变形效果，可以通过建立网格的形式来设置封套图形，一是

可以利用【网格工具】对椭圆建立系列网格，或者可以用菜单栏中【对象】|【创建渐变网格】来建立图形网络（见图 2-26），然后可以依照上述步骤方式建立封套。这样建立的封套图形可以调整更为丰富的效果。

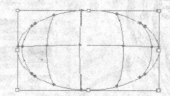

图 2-26　网格封套

③ 还可以利用"变形选项"来创建图像的变形效果，即单击【对象】|【封套扭曲】|【用变形建立】，弹出【变形选项】（见图 2-27），在其中调整参数，变形效果如图 2-28 所示。

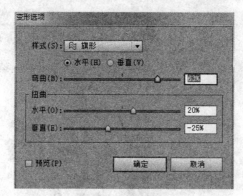

图 2-27　变形选项

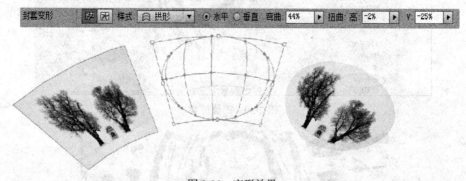

图 2-28　变形效果

（6）图像转变为矢量图。

① 首先打开一幅图像，选择窗口栏上的【效果】|【素描】|【影印】命令，弹出影印窗口（见图 2-29），在其细节选项及暗度选项进行调整，单击【确定】按钮。

② 选择菜单栏上的【对象】|【图像描摹】|【建立并扩展】命令（见图 2-30），即可将图像转变黑白矢量图。

③ 如果需要，可以将图层编组取消，按"Shift"＋"Ctrl"＋"G"组合键或者【对象】|【取消编组】，得到人物黑白矢量图形（见图 2-31）。

图 2-29　影印效果设置

图 2-30　图像描摹

图 2-31　黑白矢量图形

2.2.5 复习思考题

（1）如果 Illustrator 作品是作为印刷用的，应采用什么颜色模式及格式导出作品合适？

（2）如何利用 Illustrator 软件绘制统计图表？

（3）如何创建不透明度蒙版？

（4）结合自身工作学习生活的实际需求，思考设计并制作出平面的图形作品。

（5）撰写符合实验内容要求的实验报告：

① 总结并描述出实验详细过程；

② 指出实验过程中遇到的问题及解决方法；

③ 对于上述思考题有一些基本的分析和思考，归纳提炼出相关结论。

2.3 图像加工处理实验项目

2.3.1 基本概念

原始图像素材主要通过自然拍照以及各类软件生成导出等方式来获取。为满足各类多媒体应用需求，图像素材的加工和处理成为各行业从业人员的重要工作内容之一。目前，Photoshop 及其他类似软件依旧是图像加工处理的重要工具，包括图像的编辑、合成、校色调色以及特效制作等。图像编辑是图像处理的一部分，包括对图像进行放缩、旋转、裁剪、除噪声脏点、擦除等操作；图像合成是将多谱段黑白图像经多光谱图像彩色合成而变成彩色图像的一种处理技术，包括造型、亮度、色彩、光线、质感以及景深等合成匹配类型；校色也就是色彩校正，是校正照片和图像的偏色；调色则仅凭个人对颜色的喜好和感受，与美术的颜料调配概念相似，选择偏向的色调来调整图像颜色等；图像特效制作就是可以将各类图像制作成具有特殊效果的图像，如素描效果、底片效果、模糊效果、扭曲效果等诸多特效的图像。

2.3.2 实验目的

（1）了解 Photoshop 软件的基本特性及认识软件中工具箱、选项栏和菜单栏等界面。

（2）学会软件的文件基本操作，包括图像文件的创建、输出及保存等。

（3）学会使用软件的基本工具，主要包括选区类工具的使用操作。

（4）了解软件基本功能，并学会图像编辑合成包括选区编辑操作、颜色调校编辑、图层应用操作以及其他功能实践操作等。

2.3.3 实验内容

本实验项目包括了 Photoshop 软件界面、Photoshop 软件操作基本流程、Photoshop 软件基本工具使用及其基本功能的实践应用等操作。

2.3.4 实验步骤

1. 打开 Photoshop 工作界面

单击【开始】按钮并选择【程序】，然后选择 Adobe Photoshop，打开 Photoshop 工作界面（见图 2-32）。

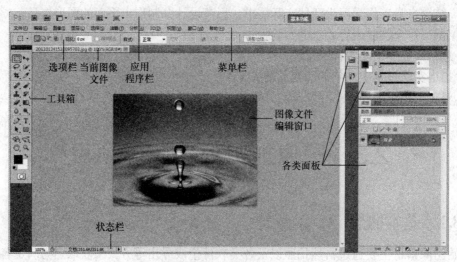

选项栏　当前图像　应用　　　　菜单栏
　　　　文件　程序栏
工具箱
图像文件编辑窗口
各类面板
状态栏

图 2-32　Photoshop 界面

Photoshop 界面包括菜单栏、应用程序栏、选项栏、工具箱、编辑窗口、各类面板以及状态栏。

2. Photoshop 图像文件创建、输出及保存

（1）图像文件创建。单击【文件】|【新建】，或者用 "Ctrl" + "N" 组合键新建文件（见图 2-33）。

① 执行【文件】|【新建】。

② 在名称文本框中输入图像文件的名称。

③ 预设大小中可以选择默认大小或者根据需要选择设置。

④ 在宽度和高度的文本框中输入相应的宽和高度的尺寸。

⑤ 设置图像的分辨率。

⑥ 颜色模式可以选择位图、灰度、RGB、CMYK 或 Lab Color。

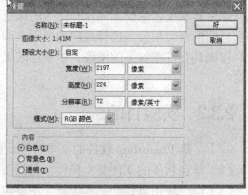

图 2-33　图像文件新建

⑦ 背景内容可以选择白色、背景色或透明。

⑧ 单击【确定】按钮创建文件。

⑨ 提示：分辨率数值越大，相对来说图像会越清晰。

（2）保存图像文件。选择菜单栏【文件】|【存储…】命令或者按 "Ctrl" + "S" 组合键。对于新建的文件可以选择文件菜单下的存储，在弹出的窗口中输入并确认以下几个方

面的内容。

存储对话框选项：

【作为副本】：在一幅图像以不同的文件格式或不同的文件名保存的同时，将它的 PSD 文件保留，以备以后修改。

【注释】：选择该复选框可以将图像中的注释信息保留下来。

【Alpha 通道】：保存图像时，把 Alpha 通道一并保存下来。

【专色】：保存图像时，把专色通道一并保存下来。

【层】：选择该复选框将各个图层都保存下来。

新建或修改后的图像应及时进行保存。

（3）另存新的图像文件（组合键：Ctrl+Shift+S）。选择菜单栏【文件】|【存储为…】命令，在弹出的对话窗口中选择文件保存路径，并选择合适的文件格式进行保存。

（4）打开及关闭文件。选择菜单栏【文件】|【打开…】命令，或者使用"Ctrl" + "O"组合键，此处还可以双击 Photoshop 桌面空白处，调出【打开】对话框。可选择显示图像文件格式，或选【所有格式】选项，选中要打开的图像文件，在【打开】列表中双击要打开的图像文件。

3. Photoshop 基本工具实践操作

Photoshop 基本工具如图 2-34 所示。

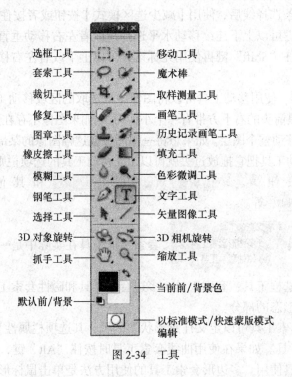

图 2-34　工具

（1）选框工具 。此类选框工具用来产生规则的图像编辑区域，包括矩

形选框工具、椭圆选框工具、单行选框工具和单列选框工具。选区的应用是 Photoshop 图像加
工处理的基础，可以与其他菜单命令或面板选项结合使用，其中在菜单栏【选择】主菜单中就
包含许多与选区直接关联的命令。

① 矩形选框工具。单击此类选框工具，浮动窗口就会出现相应的选项，是矩形选
框工具的选项浮动窗口。在【工具选项栏】中就会出现一些选项，如 选区基本运算按
钮选项，选择相应的按钮选项则可以进行选区的合并、减或交的操作，还有羽化选项 羽化：0 px ，
默认为 0px，如果此值设为大于 0px 的数值，最高位 250px，则矩形选区变为圆角矩形选区，
甚至椭圆形状的选区。当作出选区之后，在【工具选项栏】中的调整边缘变为可用。

② 椭圆选框工具。椭圆选框工具和矩形选框工具用法大致相同，其中【工具选
项栏】中的消除锯齿变为可用，单击此选项可以使选区边缘更加光滑。

③ 单行选框工具 和单列选框工具。单行选框工具和单列选框工具用于在被编辑的
图像中或在单独的图层中选出 1 个像素宽的横行区域或竖行区域。单行或单列工具的属性栏
与矩形工具的属性栏类似，选框模式的使用方法相同。对于单行或单列选框工具，要建立一
个选区，可以在要选择的区域旁边单击，然后将选框拖曳到准确的位置。如果看不到选框，
则增加图像视图的放大倍数。单行单列选框工具还有一些使用技巧：当图像中已经有了一条
选择线后，使用【添加选区模式】按钮或者按"Shift"键可以添加一条水平或竖直选择线。
当图像中已经有了一条选择线后，使用【减少选区模式】按钮或者按住"Alt"键可以删除该
条选择线。使用光标键可以上下连续移动水平选择线或者左右移动垂直选择线，每次移动固
定距离为 1 像素。按住"Shift"键再使用光标键，可以上下或者左右移动选择线，每次移动
的距离为 10 像素。

（2）移动工具 。使用移动工具可以将图像中被选取的区域移动（此时鼠标必须位于选
区内，其图标表现为黑箭头的右下方带有一个小剪刀）。如果图像不存在选区或鼠标在选区外，
那么用移动工具可以移动整个图层。如果想将一幅图像或这幅图像的某部分复制后粘贴到另一
幅图像上，只需用移动工具把它拖放过去就可以了。移动工具的选项栏则转换为，具有对象排
列 分 布 的 属 性 按 钮 和 其 他 移 动 属 性 选 项
☑自动选择：图层 ▼ □显示变换控件 等。

（3）套索选框工具 。套索选框工具在实际中是一组非常有用的选框工

具，它包括 3 种套索选框工具：套索工具、多边套索工具和磁性套索工具。拖曳套索工具，
可以选择图像中任意形态的部分。

① 套索工具。套索工具可以定义任意形状的区域，其选项栏属性与矩形选区工具类似。
② 多边形套索工具。如果在使用曲线套索工具时按住"Alt"键，可将曲线套索工具暂
转换为多边形套索工具使用。多边形套索工具的使用方法是单击鼠标形成固定起始点，然后
移动鼠标就会拖出直线，在下一个点再单击鼠标就会形成第二个固定点，如此类推直到形成
完整的选取区域，当终点与起始点重合时，在图像中多边形套索工具的小图标右下角就会出

现一个小圆圈，表示此时单击鼠标可与起始点连接，形成封闭的、完整的多边形选区。也可在任意位置双击鼠标，自动连接起始点与终点形成完整的封闭选区。

③ 磁性套索工具。磁性套索工具的使用方法是按住鼠标在图像中不同对比度区域的交界附近拖曳，Photoshop 会自动将选区边界吸附到交界上，当鼠标回到起始点时，磁性套索工具的小图标的右下角会出现一个小圆圈，这时松开鼠标即可形成一个封闭的选区。使用磁性套索工具，就可以轻松地选取具有相同对比度的图像区域。

（4）魔棒工具（魔术棒）。魔棒工具是根据相邻像素的颜色相似程度来确定选区的选框工具。当使用魔棒工具时，Photoshop 将确定相邻近的像素是否在同一颜色范围容许值之内，这个容许值可以在魔棒选项浮动窗口中定义，所有在容许值范围内的像素都会被选上，其中容差的范围在 0～255 之间，默认值为 32。输入的容许值越低，则所选取的像素颜色和所单击的那一个像素颜色越相近。反之，可选颜色的范围越大。其用于所有图层选项和 Photoshop 中特有的图层，当选择此选项后，不管当前是在哪个图层上操作，所使用的魔棒工具将对所有的图层都起作用，而不是仅仅对当前图层起作用。

> 使用上面几种选框工具时，如果按住"Shift"键，可以添加选区，如果按住"Alt"键，则可以减去选区。

（5）裁切工具

↳ 裁剪工具	C
⟋ 切片工具	C
⤳ 切片选择工具	C

。裁切工具是将图像中被裁切工具选取的图像区域保留而将没有被选中的图像区域删除的一种编辑工具。我们可以单击工具箱窗口中的裁切工具调出裁切工具选项窗口。在选项浮动窗口中可分别输入宽度和高度值，并输入所需分辨率。这样在使用裁切工具时，无论如何拖曳鼠标，一旦确定，最终的图像大小都将和在选项浮动窗口中所设定的尺寸及分辨率完全一样。

Photoshop CS 中的切片工具组中包括切片工具和切片选择工具，主要用来将源图像分成许多的功能区域。将图像存为 Web 页时，每个切片作为一个独立的文件存储，文件中包含切片自己的设置、颜色面板、链接、翻转效果及动画效果。

（6）修复工具

⟋ 污点修复画笔工具	J
⟋ 修复画笔工具	J
⟡ 修补工具	J
✛ 红眼工具	J

。修复工具是非常实用的图像修复工具。

① 污点修复画笔工具。运用污点修复画笔工具，不需要定义原点，只需要确定需要修复的图像位置，调整好画笔大小，移动鼠标就会在确定需要修复的位置自动匹配。

② 修复画笔工具。运用修复画笔工具可以将破损的照片进行仔细修复。首先要按下"Alt"键，利用光标定义好一个与破损处相近的基准点，然后放开"Alt"键，反复涂抹就可以了。

③ 修补工具。先勾勒出一个需要修补的选区，会出现一个选区虚线框，移动鼠标时这个虚线框会跟着移动，移动到适当的位置（如与修补区相近的区域）单击即可。

④ 红眼工具。红眼工具是专门用来消除人物眼睛因灯光或闪光灯照射后瞳孔产生的红点或白点等反射光点的工具。操作方法是选择红眼工具，在选项栏设置好瞳孔大小及变暗数值，然后在瞳孔位置鼠标左键单击一下就可以修复。

（7）画笔工具 ┌─────────────┐ 。画笔工具组包括画笔工具和铅笔工具。画笔工具将以
│ ✏ 画笔工具   B │
│ ✏ 铅笔工具   B │
│ ✎ 颜色替换工具 B │
│ ✎ 混合器画笔工具 B │
画笔或铅笔的风格在图像或选择区域内绘制图像。

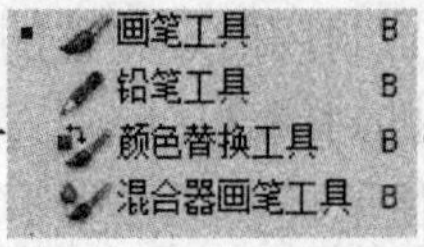

① 画笔工具。运用画笔工具可以创建出较柔和的笔触，笔触的颜色为前景色。单击工具箱中的毛笔工具图标即可调出画笔工具选项浮动窗口。

② 铅笔工具。运用铅笔工具可以创建出硬边的曲线或直线，它的颜色为前景色。在铅笔工具选项浮动窗口的左上方有一个弹出式菜单栏，此菜单栏用以设定铅笔工具的绘图模式。其中"自动抹掉"选项被选定以后，如果鼠标的起点处是工具箱中的背景色，铅笔工具将用前景色绘图。当在画笔浮动窗口中选择铅笔工具的笔触大小时，会发现只有硬边的笔触样式。

③ 颜色替换工具。颜色替换工具就是用前景色替换图像中指定的像素。基本操作步骤为：选择颜色替换工具，再选择好前景色后，在图像中需要更改颜色的地方涂抹。

在此工具选项栏中的"取样""限制"和"容差"都是以在图像涂抹时首次单击之处的像素颜色将作为基准色；取样选项："连续"方式将在涂抹过程中不断以鼠标所在位置的像素颜色作为基准色，决定被替换的范围，而"一次"方式将始终以涂抹开始时的基准像素为准，而"背景色板"方式将只替换与背景色相同的像素；限制选项："不连续"方式将替换鼠标所到之处的颜色，而"邻近"方式替换鼠标邻近区域的颜色，而"查找边缘"方式将重点替换位于色彩区域之间的边缘部分。

④ 混合器画笔工具。运用混合器画笔工具，可以绘制出逼真的手绘效果，主要操作设置为：通过此工具选项栏的设置可以调节画笔工具的笔触的大小、颜色、潮湿度、混合颜色等。其中 █每次描边后载入画笔；█每次描边后清理 Photoshop 画笔；"每次描边后载入画笔"和"每次描边后清理画笔"两个按钮，控制了每一笔涂抹结束后对画笔是否更新和清理； �[潮湿，浅混合 ▼] "混合画笔组合"提供多种为用户提前设定的画笔组合类型，包括干燥、湿润、潮湿和非常潮湿等，在"有用的混合画笔组合"下拉列表中包含了预先设置好的混合画笔，若当我们选择了某一种混合画笔时，右边的四个选择数值会自动改变为预设值。 [潮湿: 50% ▶] "潮湿"设置表示从画布拾取的油彩量，就如给颜料加水，设置的值越大，画在画布上的色彩越淡。 [载入: 50% ▶] "载入"设置画笔上的油彩量。 [混合: 0% ▶] "混合"用于设置 Photoshop 多种颜色的混合；当潮湿为 0 时，该选项不能用。 [流量: 100% ▶] "流量"设置表示描边的流动速率。 [🖌] 启用喷枪模式表示当画笔在一个固定的位置一直描绘时，画笔会像喷枪那样一直喷出颜色，如果不启用这个模式，则画笔只描绘一下就停止流出颜色。 [☐ 对所有图层取样] 对所有图层取样的作用，即无论图像文件有多少图层，都将它们作为一个单独的合并的图层来看待。 [🖋] 绘图板压力控制大小选项。

（8）图章工具 ┌─────────────┐ 。图章工具根据其作用方式被分成两个独立的工具：仿制
│ 🔳 仿制图章工具 S │
│ 🔳 图案图章工具 S │
图章工具和图案图章工具。

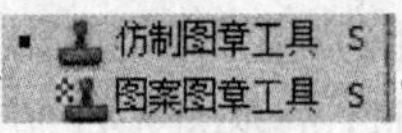

① 仿制图章工具。仿制图章工具是 Photoshop 工具箱中很重要的一种编辑工具。在实际工作中，仿制图章可以复制图像的一部分或全部从而产生某部分或全部的复制，它是修补图

像时经常要用到的编辑工具。利用仿制图章工具复制图像，首先要按下"Alt"键，利用图章定义好一个基准点，然后放开"Alt"键，反复涂抹就可以复制了。

② 图案图章工具。在使用图案图章工具之前，必须先选取图像的一部分并选择【编辑】菜单下的【定义图案】命令定义一个图案，然后才能使用图案印章工具将设定好的图案复制到鼠标的拖放处。单击工具箱中的图案图章工具，就会调出图案图章工具选项浮动窗口。此浮动工具窗口与图章工具选项浮动窗口的选项基本一致，只是多出了一个图案选项。当选择【对齐的】选项后，使用图案图章工具可为图像填充连续图案。如果第二次执行定义指令，则此时所设定的图案就会取代上一次所设定的图案。当取消【对齐的】选项，则每次开始使用图案图章工具，都会重新开始复制填充。

（9）历史记录画笔工具　![历史记录画笔工具 Y / 历史记录艺术画笔工具 Y]　历史记录画笔工具是 Photoshop 工具箱中一种十分有用的编辑工具，包括历史记录画笔工具和历史记录艺术画笔工具。

① 历史记录画笔工具。此工具与 Photoshop 的历史记录浮动窗口配合使用。当浮动窗口中某一步骤前的历史画笔工具图标被选中后，用工具箱中的历史记录画笔工具可将图像修改恢复到此步骤时的图像状态。

② 历史记录艺术画笔工具。历史记录艺术画笔工具是一个比较有特点的工具，主要用来绘制不同风格的油画质感图像。在历史记录艺术画笔工具的选项窗口中，"样式"用于设置画笔的风格样式，"模式"用于选择绘图模式，"区域"用于设置画笔的渲染范围，"容差"用于设置画笔的样式显示容差。

（10）橡皮擦工具　![橡皮擦工具 E / 背景橡皮擦工具 E / 魔术橡皮擦工具 E]　橡皮擦工具是在图片处理过程中常用的一种工具，在 Photoshop 中有 3 种橡皮擦工具：橡皮擦、背景橡皮擦和魔术橡皮擦工具。其中，背景橡皮擦工具可将被擦除区域的背景色擦掉，被擦除的区域将变成透明，使用背景橡皮擦可以有选择地擦除图像，主要通过设置采样色，然后擦除图像中颜色和采样色相近的部分；而魔术橡皮擦工具有着更灵活的擦除功能，操作也更简洁，设置好魔术棒的属性后，只需轻轻地单击鼠标，就可以擦除预定的图像。

（11）填充工具　![渐变工具 G / 油漆桶工具 G]　填充工具主要包括渐变填充工具和油漆桶工具。

① 渐变填充工具。渐变填充工具可以在图像区域或图像选择区域填充一种渐变混合色。此类工具的使用方法是按住鼠标拖曳，形成一条直线，直线的长度和方向决定渐变填充的区域和方向。如果在拖曳鼠标时按住"Shift"键，就可保证渐变的方向是水平、竖直或成 45°角。5 种基本渐变工具分别为：线性渐变工具、径向渐变工具、角度渐变工具、对称渐变工具、菱形渐变工具。每一种渐变工具都有其相对应的选项浮动窗口，可以在选项浮动窗口中任意地定义、编辑渐变色，并且无论多少色都可以。其中双击线性渐变工具列表中的某种渐变图标，则会出现【渐变编辑器】对话框，可以通过此对话框建立一个新的渐变色或编辑一个旧的渐变色。

② 油漆桶工具。油漆桶工具可以根据图像中像素颜色的近似程度来填充前景色或连续图案。单击工具箱中的油漆桶工具，就会调出油漆桶工具选项浮动窗口。

（12）模糊工具　![模糊工具 / 锐化工具 / 涂抹工具]　Photoshop 的调焦工具包括模糊工具、锐化工具和涂抹工具，此组工具可以使图像中某一部分像素边缘模糊或清晰，可以使用此组工具对图像细节进行修饰。模糊工具可以降低图像中相邻像素的对比度，将较硬的边缘柔化，使图像变得柔和；锐化工具可以增加相邻像素的对比度，将模糊的边缘锐化，使图像聚焦。这3种调焦工具的选项栏很相似。

（13）色彩微调工具 Photoshop的色彩微调工具包括减淡工具、加深工具和海绵工具3种。使用此组工具可以对图像的细节部分进行调整，可使图像的局部变亮、变深或色彩饱和度降低。"减淡工具"可使图像的细节部分变亮，类似于给图像的某一部分淡化。如果单击工具箱中的"减淡工具"，就可以调出减淡工具选项浮动窗口。"加深工具"可使图像的细节部分变暗，类似于"减淡工具"的操作。在"加深工具"选项浮动窗口中可以分别设定暗调、中间调或高光来对图像的细节进行调节，另外也可以设定不同的曝光度，这些操作的设置和亮化工具的选项属性完全一样。"海绵工具"用来增加或降低图像中某种颜色的饱和度。

（14）路径选择工具 路径选择工具组包括路径选择工具和直接选择工具，这两个选择工具均要结合路径面板一起使用。

（15）文字工具 Photoshop文字工具组中主要包括横排文字工具、直排文字工具、横排文字蒙版工具和直排文字蒙版工具。

（16）钢笔工具 Photoshop钢笔工具包括钢笔工具、自由钢笔工具、添加锚点工具、删除锚点工具、转换点工具。这组工具主要用来绘制路径或给图像中的物体描边，这与Illustrator中的路径工具的使用方法大致相同，结合路径浮动窗口进行有关路径的其他操作，如路径的存储、删除等。在使用路径工具时，通常需要与路径浮动窗口配合使用。

（17）矢量图像工具 Photoshop矢量图像工具组包括矩形工具、圆角矩形工具、椭圆工具、多边形工具、直线工具和自定形状工具。

（18）3D对象 和3D相机工具 。3D对象和3D相机工具可对三维对象和相机机位进行控制，或进行类似3D对象的移动、旋转和缩放的变化操作。

（19）取样与测量工具 。Photoshop 提供了颜色采取功能，利用取样工具可以精确地采取图像中像素点的颜色参数值，并以此来设定颜色或作为色彩控制参考。Photoshop 还提供了距离和角度测量功能，利用测量工具可以测量图像中任意两点的距离和相对角度，也可以使用两条测量线来创建一个量角器，以测定角度。

① 吸管工具。可以利用吸管工具在图像中取色样以改变工具箱中的前景色或背景色。用此工具在图像上单击，工具箱中的前景色就显示所选取的颜色，如果在按住"Alt"键的同时，用此工具在图像上单击，工具箱中的背景色就显示为所选取的颜色。

② 颜色取样器工具。颜色取样器工具可以获取多达 4 个色样，并可按不同的色彩模式将获取的每一个色样的色值在信息浮动窗口中显示出来，从而提供了进行颜色调节工作所需的色彩信息，能够更准确、更快捷地完成图像的色彩调节工作。在使用颜色取样器工具之前应先在【窗口】菜单下选择信息命令将信息浮动窗口调出，然后在工具箱中选取颜色取样器工具，在图像的 4 个不同区域分别单击 4 次，图像的相对区域即会出现 4 个标有 1、2、3、4 的色样点图标。

③ 标尺工具。标尺工具能准确地计算出图像中两点之间的距离及两线之间的夹角，使作图时能达到非常精确的程度。在使用标尺工具时，需要调出信息浮动窗口，以观察测量结果，或者从标尺工具的选项窗口里读出测量的结果。标尺工具的选项栏主要也是显示度量结果信息的。

（20）注释工具 。注释工具包括注释工具和计数工具，放置在吸管工具箱（即取样和测量工具）中。

① 注释工具。注释工具的用法比较简单，单击注释工具的图标，就会出现其注释浮动窗口，可在其中输入文字；在选项栏中还包括作者和颜色两项。颜色选项用来设定注释图标的边框颜色。

② 计数工具。计数工具是一款数字计数工具，选择此工具在需要标注的地方单击一下，就会出现一个数字，并随单击次数递增，可以统计画面中的一些重复的元素。在选项栏中有对计数的重命名、隐藏、删除等选项。

（21）抓手工具 。抓手工具是用来移动画面以便看到滚动条以外图像区域的工具。抓手工具与移动工具的区别在于：抓手工具实际上并不移动像素或以任何方式改变图像，而是将图像的某一区域移到屏幕显示区内。可双击抓手工具，将整幅图像完整地显示在屏幕上。如果在使用其他工具时想移动图像，可以按住"空格键"，此时原来的工具图标会变为手掌图标，图像将会随着鼠标移动而移动；

旋转视图工具是用来旋转图像的，在其选项栏中的选项包括旋转角度、复位视图以及旋转所有窗口等，如图 所示。

（22）缩放工具 。缩放工具是用来放大或缩小画面的工具，这样就可以非常方便地对图像的细节加以修饰。如果选择工具箱中的缩放工具并在图像中单击鼠标，图像就会以单击点为中心放大；如果按着"Alt"键再单击，则图像会缩小。如果双击工具箱中的缩放工具，图像就会以 100%的比例显示。在放大镜工具选项浮动窗口中可选择【调整窗口大小以满屏显示】选项，这样当使用缩放工具时，图像窗口会随着图像的变化而变化；如果不选此项，则无论图像如何缩放，窗口的大小始终不变，除非用鼠标单击窗口右上角的调节框。另外，我们还可以在其他工具选择的情况下按住"Alt"键，利用鼠标滚轮也可以放大或缩小显示。

（23）色彩控制器 。用户可以通过 Photoshop 的色彩控制器（Color Controls）设置颜色。色彩控制器包括前景色、背景色、颜色切换工具以及默认颜色。

在 Photoshop 中，当使用绘图工具时，可将前景色绘制在图像上，前景色也可以被用来填充选区或是选区边缘。当使用橡皮工具或是删除选区时，图像上就会删除背景色。当初次使用 Photoshop 时，前景色和背景色用的是默认值，即分别为黑色和白色。如果想改变前景色或背景色，只需单击工具箱中前景色或背景色色块，即可调出颜色拾色器，可以在颜色拾色器中输入具体的值来定义一种颜色。Photoshop 颜色拾取器提供了 4 种色空间：HSB 颜色、Lab 颜色、RGB 颜色、CMYK 颜色，可以任选一设定颜色，也可以在颜色拾取器中选择自定选项，调出【自定颜色】对话框。如果在颜色拾色器中设定好颜色，可单击对话框中的【好】按钮，工具箱中的前景色或背景色就会随之改变。但无论前景色或背景色是什么颜色，只要单击色彩控制器中的默认颜色图标，前景色和背景色便会变成黑色和白色。

（24）快速蒙版 。在快速蒙版模式下，可利用绘图工具制作复杂的选区。蒙版其实是以灰度图表示的选择区域。被选择的区域呈现白色，未选择的区域呈现黑色，羽化范围则以灰色渐变表示，从靠近选定区域的淡灰到靠近未选定区域的深灰图像中选取出来。

如果在图像先用椭圆形选框工具选取一个区域，单击工具箱中的"快速蒙版"图标，此时可以看到图像选区以外的图像区域被一图层半透明的区色遮盖住了，也就是说在快速蒙版模式下，图像中的选区为全透明而未选区为红色半透明。其实在这里"红色"并不代表选区以外的图像区域被涂成红色，而仅仅是作为一种用来区别选区与未选区的标志。

4. Photoshop 基本功能实践操作

图像的基本功能操作主要包括图像编辑、图像合成、校色调色及特效制作部分等几个方面。

图像编辑是图像处理的基础，主要对图像做各种变换如放大、缩小、旋转、倾斜、镜像、透视等，也可进行复制、去除斑点、修补、修饰图像的残损等；而图像合成则是将几幅图像通过工具、选项栏及图层等方面的功能操作进行合成；校色调色则是对图像的颜色进行明暗、色偏的调整和校正，也可对不同颜色进行切换以满足图像在不同领域如网页设计、印刷、多媒体等方面应用；特效制作主要是通过滤镜、通道及工具综合应用完成，包括图像的特效创意和特效字的制作，如油画、浮雕、石膏画、素描等常用的传统美术技巧都由特效完成。

（1）设置状态参数。在利用软件编辑处理图像的时候，根据事先的设计安排，可对软件使用要求进行预先设置，可选择菜单栏上的【编辑】|【首选项】|【常规】命令，弹出首选项窗口，如图 2-35 所示。

在首选项窗口中还可以选择其他，如界面、文件处理以及性能等选项进行预置，具体的参数设置根据应用要求和习惯来确定。

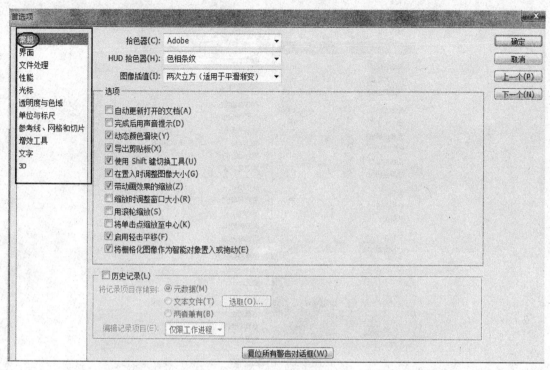

图 2-35　首选项

（2）调整色彩平衡。选择菜单栏上【图像　】|【调整　】|【色彩平衡】命令，选择色彩平衡的色调范围（阴影、中间调、高光等），选择预览。调整色彩平衡通道"▲"的位置，观察调整效果（见图 2-36）。

图 2-36　色彩平衡

有关其他图像调整的基本操作与色彩平衡调整类似，一般情况下选择图 2-37 所示的菜单命令会弹出窗口，然后在窗口中进行各类选项参数的调整，进而达到预期图像调整要求。

（3）选区。选区在 Photoshop 软件的编辑处理过程非常重要，通过设定选区，可对选区的图像进行调整、编辑处理。

基本操作主要是利用选区工具，如矩形选区、魔棒和套索等，在图像上结合工具辅助选项，进行鼠标划选或单击选择操作即可（见图 2-38）。

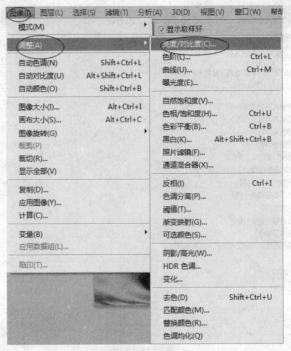

图 2-37　图像调整

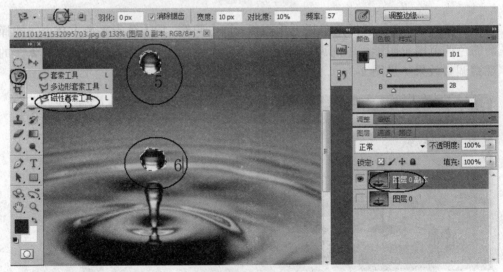

图 2-38　选区操作

① 首先对图层进行复制，可以按住"Alt"键，用鼠标拖原图层进行复制，或者在图层单击鼠标右键，选快捷菜单的复制图层命令或者用"Ctrl"+"J"组合键等。

② 根据图像特点，可选择合适的选区工具，如选择套索工具（快捷键"L"），按住鼠标左键 1 秒出现其他套索工具，这里选择【磁性套索工具】。

③ 在辅助工具栏中选择"添加到选区"按钮，表示可以将多个选区相加合并，不需要羽化等（其他选区工具辅助选项包括新选区、选区的并、减及交运算、羽化、消除锯齿等）。

④ 在图像相应对象上划选，即可出现带蛇形虚线的闭合区域，即为图像选区。

⑤ 对此选区可以保存，即菜单栏上【选择】|【存储选区】，弹出存储选区窗口，命名选区，在后续编辑中可以通过【选择】|【载入选区】重新调用。当然，还可以在菜单栏上的【选择】中选用其他命令，对选区进行其他操作（见图 2-39）。

图 2-39　选区存储

（4）图层操作。图层是处理图像的容器，各个图层的图像可以叠加，保证了各图层操作的独立性，同时也能实现更加复杂有序的处理过程。

① 打开一幅图像，在图层面板上就会出现一个图层（此处为图层 0 副本）。

② 添加新图层，并将一个选区图像复制粘贴到图像图层（可以将其他图像中的对象做好选区，按住 "Ctrl" + "Alt" 组合键，并用鼠标拖曳复制到原先打开的图像文件中），选择【移动工具】，将新图层图像调整到合适的位置，或者按 "Ctrl" + "J" 组合键后在当前层上方自动生成带有选区图像的新图层。

③ 单击文字工具，在编辑窗口单击即可出现新的图层（文字图层），在辅助工具栏中设置好文本的颜色、字体、字号等属性，输入 "节约用水" 等文字（见图 2-40）。

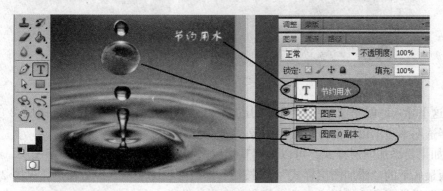

图 2-40　图层操作

④ "指示图层可视性" 即眼睛图标为显示状态（如果单击，则变为此图层对象不可见），可以见到有 3 个图层所构成的图像，可保存为单一图像。

⑤ 可以在图层面板继续其他功能操作，如添加填充图层，在图层面板最底层 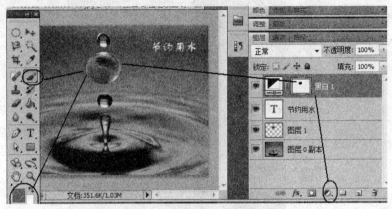 按钮上单击出现浮动菜单窗口，选择其中的"黑白"，此时在图层上新增加了一个蒙版图层，下层所有对象变成了黑白单色图像。

⑥ 如果要恢复部分彩色图像，可以选择【画笔工具】，采用黑色或其他非白色在编辑窗口上需要恢复的地方进行描绘（黑色使得此图层颜色透明不可见），在黑白图层右边小框中即出现了绘制的痕迹，同时在图像上恢复了描绘之处的颜色（见图 2-41）。

图 2-41　恢复部分区域颜色

⑦ 如果用到矢量蒙版，可用 。单击"图层 0 副本"图层，再单击图层面板下面的添加矢量蒙版 按钮，即可在此图层上添加了一个矢量图标，此时可在图标上选用【渐变工具】，使用黑白渐变模式，编辑窗口的图像上水平拉出一线，可得到如此形式的图层 ，编辑窗口图像变成半透明状态（见图 2-42）。

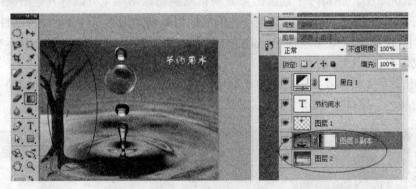

图 2-42　添加矢量蒙版

⑧ 这里导入一幅图像，添加到新图层上，并将新图层放置在最底层（图层 2）。此时可以看到半透明下显示出了部分最底层图像。

⑨ 如果要添加图层样式，可以采用直接双击某一图层，此处双击文字图层，或者单击图层面板最底下的"添加图层样式" 按钮，即可弹出图层样式设置窗口（见图 2-43），此时可以按照设计要求选择样式，并进行参数选项的设置。

⑩ 还可以添加剪贴蒙版，剪贴蒙版是一组具有剪贴关系的图层，主要由两部分组成，即基层和内容层。内容层只显示基层中有像素的部分，其他部分隐藏。基层名称带有下划线，上层图层（也就是内容层）是缩进的且在左侧显示有剪贴蒙版图标。这里添加两个图层，在

一个图层中新增一张图像（位于上方的内容层），另一张为透明背景的图层（位于下方的基层）。此时我们可以移动鼠标到在两个图层之间，按住"Alt"键，此时出现"蝴蝶形状"，单击鼠标，即可创建剪贴蒙版（见图 2-45）。

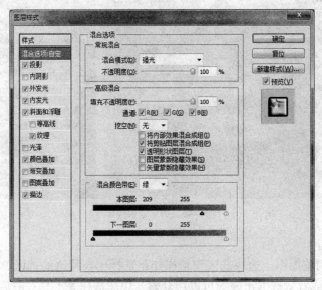

图 2-43　图层样式

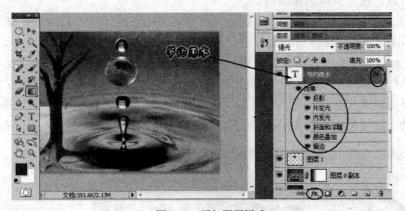

图 2-44　添加图层样式

图 2-45　创建剪贴蒙版

提示　　　其他方法创建剪贴蒙版可选择 Photoshop 菜单栏"图层"/"创建剪贴蒙版"命令或使用"Alt"+"Ctrl"+"G"组合键。

⑪ 此时内容层图像不可见。可以说，上面图层所显示的图像或形状就要受下面图层的控制。下面图层的绘制形状是什么样的，上面图层就显示什么形状，或者只有下面图层的形状部分能够显示出来。因此，我们可以在下方基层中绘制带有填充颜色的图形，即可在图形范围内显示上方内容层相对应的部分内容。这里选择一个椭圆选区工具，先须设置好羽化数值（如为10），然后填充颜色（可以用前景色填"Alt"+"Delete"组合键、背景色填"Ctrl"+"Delete"组合键，或者"Shift"+"Backspace"组合键）即可，调整好选区适当位置，也可以调整内容层位置，以显示出应显示的内容（见图 2-46）。

图 2-46　剪贴蒙版操作

（5）其他操作。

① 边缘选区调整操作。边缘选区调整操作是选择比较特殊的选区，其基本步骤如下：用选区工具把主体或背景选取出来，可以用套索、快速选择等工具；然后在属性栏中的调整边缘选项中设置相关的参数，优化主体边缘即可。

② 定义图案操作。先在图层图像上用矩形选区选择需要定义图案的区域，然后选择菜单栏上【编辑】|【定义图案】，然后在弹出的窗口中命名即可。

③ 文字选区操作。先用【文字工具】在编辑窗口中键入文字，即可在图层上自动生成文字图层，然后可在菜单栏上选择【图层】|【栅格化】|【文字】，按住"Ctrl"键后，鼠标左键单击文字图层图标即可形成文字选区（见图 2-47）。其他的方法可以采用文字路径或文字形状等来实现，可以借助【路径面板】将文字路径转换为文字选区。

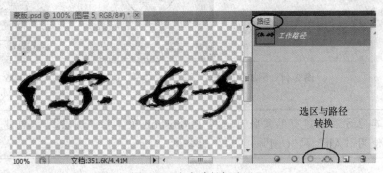

图 2-47　文字路径与选区

④ 渐隐操作。渐隐操作可以在一个单独的图层上实现不透明度和混合模式控制，其命令处在菜单栏的【编辑】|【渐隐】路径上，但具体名称会随着选择应用而变化，执行画笔、填充、滤镜命令之后，编辑菜单下面的渐隐命令会随执行的命令不同发生相应的变化，如对一个选区进行填充，编辑菜单下面的渐隐变为渐隐填充，而使用画笔之后，此处又变为渐隐画笔工具，如使用滤镜库之后，渐隐命令又变为渐隐滤镜库。通过渐隐窗口（见图 2-48），可以调整不透明度和混合模式。

图 2-48　渐隐

⑤ 操控变形。操控变形可以对图像对象进行部分变形操控，主要操作方式为在菜单栏上单击【图层】|【智能对象】|【切换为智能对象】命令（见图 2-49），将操控对象所在的图层切换为智能对象，在图层的缩小图下面，会出现一智能对象小图标。此时，再次运用菜单上的【编辑】|【操控变形】命令（见图 2-50）对对象执行操控变形设定，此时对象被网格罩住，而单击【视图】|【显示额外内容】则可以隐藏网格，同时编辑窗口上鼠标变成了一个图钉样式，可运用它来定义变形关节，即在对象活动点上单击鼠标，可出现一个变形标记点，在对象所在图层右侧，会出现两个小圆圈（见图 2-51），说明我们正在对这个图层应用操控变形，如果用鼠标拖曳编辑窗口上的变形标记点，就可调整对象的形态。

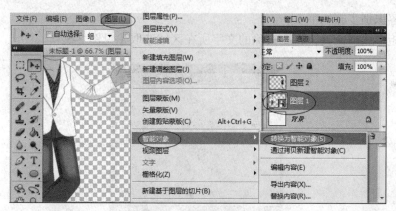

图 2-49　转换为职能对象

图 2-50　操控变形设定

图 2-51　操控变形操作

 在增加变形标记点的时候，先将不需要变形的地方用图钉样式鼠标设定标记点以固定这些部分，而后逐步增加需要操控变形的标记点，并调整变形形态。

如果我们在选中某个关节点时按下"Alt"键，就可看到一旋转的变换圈，用鼠标执行旋转就可调整关节弯曲的角度；如果想删除变形标记点，可单击变形标记点，按鼠标右键，在弹出的快捷菜单中设置就好；如果我们想删除操控变形，而还原到初始状态，则可以在图层位置单击右键，在弹出快捷菜单中单击删除操控变形命令即可。

⑥　内容识别。内容识别可应用于去掉图像中的水印或杂物以及修补图像中的缺失部分等。Photoshop 中内容识别存在两处：第一，填充内容识别；第二，污点修复画笔工具内容识别。

填充内容识别步骤如下。

首先用矩形选框工具，将要去除的文字所在区域选取（见图 2-52）。

图 2-52　设置内容识别选区

然后执行菜单栏上【编辑】|【填充】，或者按下填充内容识别"Shift"＋"F5"组合键，如果在背景图层的选区操作，也可按"Delete"键，都可以打开【填充】对话窗口，在窗口的内容使用选项中下拉选中"内容识别"，然后单击"确定"即可（见图 2-53）。

填充内容识别效果如图 2-54 所示。

【污点修复画笔工具】的属性选项栏中也有内容识别选项。

其操作的基本方法是：选择工具后，将选项栏设置选择为"内容识别"（见图 2-55），然后用画笔在文字的地方进行涂抹，松开鼠标，文字部分就会被周围的图像填充。

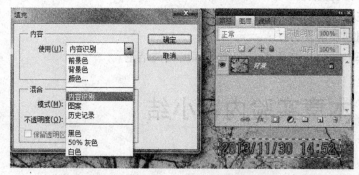

图 2-53　填充对话窗口设置　　　　　　　　　图 2-54　填充内容识别效果

图 2-55　【污点修复画笔工具】的内容识别

　　上述步骤可反复多次使用，直到取得满意效果为止。

　　⑦　内容识别比例。内容识别比例可对图像重新计算后进行压缩处理，默认重点保护的是图像中的人物不被过分压缩，通常是以人的肤色为基准来采取保护措施，进行压缩时软件自动对具有皮肤颜色的部分进行保护，而对内容较少的部分进行压缩，从而做到智能压缩。

　　【内容识别比例】命令路径在菜单栏的【编辑】|【内容识别比例】，可在非背景图层情况下执行操作。当然，对于其他不是人物的图像对象也可以在通道中建立保护对象选区来保护，基本步骤是在通道中复制某一个通道，选取被保护的对象区域以白色颜色填充，然后选择RGB 通道，回到图层面板，执行【内容识别比例】命令，最后操控在图像周围出现的控制点，进行缩放，被保护对象基本保持原形，从而获得保护，而图像其他部分对象可能出现比较明显的变形情况。

2.3.5　复习思考题

　　（1）Photoshop 软件应用操作中选区、通道与路径之间有什么关系？

　　（2）思考如何利用 Photoshop 软件应用操作对透明物体进行抠图？

　　（3）结合自身工作学习生活的实际需求，利用 Photoshop 软件设计制作出平面的图像作品。

（4）撰写符合实验内容要求的实验报告：

① 总结并描述出实验详细过程；

② 指出实验过程中遇到的问题及解决方法；

③ 对于上述思考题有一些基本的分析和思考，归纳提炼出相关结论。

2.4　本章实验内容小结

（1）图形图像基本概念部分：图形图像相关含义及特点、图形图像应用领域及相关软件、图形图像文件格式以及图形图像分析设计等方面的实验报告。

（2）图形软件 Illustrator 部分：界面知识（包括菜单栏、软件预置、面板等）、软件文件创建和输出操作、工具箱操作知识（包括选择工具、魔术棒工具等 80 余个工具的应用操作）、基本面板操作知识（包括颜色面板、色板面板、颜色模式、变换面板、画板面板、画笔面板、符号面板、外观面板、透明度面板、渐变面板、图层面板等的应用操作知识）、效果滤镜以及其他基本功能操作（包括绘图上色等基本操作、文字处理、图形制作、路径轨迹图形、图像变形、图像转变为矢量图等项目）。

（3）图像软件 Photoshop 部分：界面认识、图像文件创建输出及保存、工具箱操作知识（包括选框工具、移动工具等所有工具的应用操作）、图像基本功能操作（包括参数设置、色彩平衡调整、选区、图层操作、边缘选区调整、定义图案、文字选区、渐隐操作、操控变形、内容识别以及内容识别比例等项目）。

第3章
音频处理

音频处理主要包括音频录制、混合、编辑和控制等方面的内容。

【内容提示】

本章主要推荐了3个音频处理实验项目，包括音频基本概念实验项目和音频采集加工实验项目（分别介绍 GoldWave 软件和 Audition 软件）。

音频基本概念实验项目主要引导学生充分认知数字化音频相关概念和含义，包括音频概念、音频类型以及数字化录音等知识。

音频采集加工实验项目（GoldWave 软件）主要是介绍 GoldWave 软件的基本操作，作为可用于音频采集加工的重要工具，GoldWave 软件小，是可满足日常音频采集加工需求的音频软件。本实验项目包括了 GoldWave 软件界面、GoldWave 软件操作基本流程、GoldWave 软件基本工具及其基本功能的实践操作知识等，可使得学生初步具备音频录制加工的操作应用能力。

音频采集加工实验项目（Audition 软件）主要是介绍 Audition 软件的基本操作，作为可用于音频采集加工的重要工具，Audition 软件专业性强，可处理学习工作所需的音频素材。本实验项目包括了 Audition 软件界面、Audition 软件操作基本流程、Audition 软件基本工具及其基本功能的实践操作知识等，可使得学生初步具备音频录制加工的操作应用能力。

3.1 音频基本概念实验项目

3.1.1 基本概念

1. 基本概念

人类能够听到的所有声音都称为音频，泛指人耳可以听到的频率在 20Hz～20kHz 的声波，包括说话声、歌声、乐器、模拟音频、噪声等。音频经过音频线或话筒传输时都是模拟信号。这里指的是数字音频，即通过计算机声卡录制声音，用一堆数字记号（其实只是 1 和 0）来记录声音，存储为计算机音频文件，可被数字音频软件处理，也可以通过音频程序播放器播放出来，还原录制下来的声音。一般音乐的频率范围大致为 40～15kHz；人说话的频率范围大致为 100～8kHz。

数字录音是把模拟声音信号录制成为 wav 文件。描述 wav 文件主要有两个指标，一个是采样频率，或称采样率、采率，另一个是采样精度也就是比特率。数字音频信号采样就是在原有的模拟信号波形上每隔一段时间进行一次"取点"，赋予每一个点以一个数值，然后把所有的"点"连起来以描述模拟信号。在一定时间内取的点越多，描述出来的波形就越精确，这个尺度我们就称为"采样频率"，如采样频率是 44.1kHz，其意思是每秒取样 44 100 次，这是 CD 标准采用频率，低于此频率会有较明显的损失，如 22kHz，而高于此频率则人耳难以分辨，如 96kHz，增加了数字音频的存储空间。

"比特"用以描述声音响度，其物理要素即是振幅，为能精确表示乐曲的轻响，需对波形的振幅有一个精确的描述，即利用"比特（bit）"单位，如 16bit 就是指把波形的振幅划为 2^{16} 即 65 536 个等级，根据模拟信号的轻响把它划分到某个等级中去，和采样频率一样，比特率越高，越能细致地反映乐曲的轻响变化。数码录音一般使用 16bit、20bit 或 24bit 制作音乐，其中音频数字化的标准是每个样本 16 位（16bit，即 96dB）的信噪比。

2. 音频类型

每种音频都有其独特的格式类型，主要有 CDA 格式、WAV 格式、WMA 格式、AIFF 格式、AU 格式、MP3 格式、MID 文件格式、Real 文件格式、VQF 格式、OGG 格式、FLAC 格式等，每种类型的特点和用途都不同。

（1）CDA 格式。CDA 格式是音质最好的音频格式。在多数播放软件的"打开文件类型"选项中，都有 CDA 格式即 CD 音轨，而 CD 音轨是近似无损的，其声音基本上忠于原声。标准的 CDA 格式是 44.1kHz 的采样频率、88kbit/s 的速率、16 位的量化位数。CD 光盘可以在 CD 唱机中播放，也能用计算机里的各种播放软件来播放。一个 CD 音频文件是一个 CDA 格式的文件。CDA 格式的文件只是一个索引信息，并不真正包含声音信息，因此不管 CD 音乐多长，在计算机上看到的 CDA 格式文件都是 44 字节（注意一般不能直接将复制的 CDA 格式文件在硬盘上进行播放，需要使用 EAC 这类的抓音轨软件把 CDA 格式文件转换成 WAV 格式。在这个转换过程中，如果光盘驱动器质量过关且 EAC 的参数设置得当，则基本上是无损抓音频）。

（2）WAV 格式。WAV 格式是微软公司开发的一种声音文件格式，用于保存 Windows 平台的音频信息资源，被 Windows 平台及其应用程序所支持。WAV 格式支持 MSADPCM、CCITT A LAW 等多种压缩算法，支持多种音频位数、采样频率和声道。标准格式的 WAV 格式和 CDA 格式一样，也是 44.1kHz 的采样频率，88kbit/s 的速率，16 位的量化位数。WAV 格式的声音文件质量和 CDA 相差无几，也是目前 PC 上广为流行的声音文件格式。几乎所有的音频编辑软件都支持 WAV 格式（提示：对于其他操作系统，如苹果系统和 unix 系统都有专用的音频格式。苹果系统是 AIFF 格式，UNIX 系统是 AU 格式。它们与 WAV 格式非常相似，在大多数的音频编辑软件中，也都支持这几种常见的音乐格式）。

（3）MP3 格式。MP3 是 MPEG 标准中的音频部分，也就是 MPEG 的音频层。根据压缩质量和编码处理的不同可分为 3 层，分别对应*.mp1、*.mp2、*.mp3 3 种声音文件。

MPEG 音频文件的压缩是一种有损压缩。MPEG3 音频编码具有高压缩率，同时低音频部分基本不失真，它是牺牲了声音文件中 12k～16kHz 高音频部分的质量来换取文件尺寸的。对于相同长度的音频文件，如果用 MP3 格式来储存，则一般只有 WAV 格式文件的 1/10，音质却次于 CD 格式或 WAV 格式的声音文件。

（4）MIDI 格式。MIDI（Musical Instrument Digital Interface）允许数字合成器和其他设备交换数据。*.mid 文件并不是一段录制好的声音，而是记录声音信息并告诉声卡如何再现音乐的一组指令。一个 MIDI 格式的文件每储存 1 分钟的音乐大约只用 5～10kB。*.mid 文件主要用于原始乐器作品、流行歌曲的业余表演、游戏音轨及电子贺卡等。*.mid 文件重放的效果依赖声卡的档次（提示：MIDI 格式的最大可用领域是计算机作曲领域，可以通过作曲软件直接写出，也可以通过声卡的 MIDI 接口把外接音序器演奏的乐曲导入计算机中，制作成 *.mid 文件）。

（5）WMA 格式。WMA（Windows Media Audio）格式是来自于微软的重量级选手，后台强硬，音质强于 MP3 格式，是以减少数据流量但保持音质的方法来达到比 MP3 压缩率更高的目的的。WMA 格式的压缩率一般可以达到 1∶18 左右。它的另一个优点是，内容提供商可以通过特殊方案加入防复制保护，其内置的版权保护技术可以限制播放时间和播放次数，甚至限制播放机器等。另外，WMA 格式还支持音频流技术，适合在网络上在线播放，在 Windows 操作系统中可以直接播放 WMA 格式的音乐，而 Windows Media Player 具有直接把 CD 光盘中的文件转换为 WMA 格式文件的功能。

（6）其他音频格式：RA、VQF、OGG、FLAC、APE。RA 格式主要用于网络在线欣赏音乐；VQF 是雅马哈公司开发的格式，其核心是以减少数据流量但保持音质的方法来达到更高的压缩比；OGG 格式完全开放，完全免费，是和 MP3 不相上下的新格式，但使用相同码率编码的 OGG 格式文件比 MP3 格式文件的音质好一些，文件也小一些，在音乐软件、游戏音效、便携播放器、网络浏览器上有广泛应用；FLAC 格式为无损音频压缩编码，是一套著名的自由音频压缩编码，其特点是无损压缩，可以还原音乐光盘的音质；APE 是一种无损压缩音频技术，其文件大小大概为 CD 的一半。

3.1.2　实验目的

（1）收集各类音频格式的文件信息，掌握数字音频文件格式类型及其特点。
（2）了解音频录播设备及软件，分析音频技术发展趋势。
（3）利用录音软件进行音频录音，注意录音音频的数据量及质量变化，探讨采样频率对数据量的影响，对音质的影响以及带来的其他问题。

3.1.3　实验内容

为实现本实验目的，实验内容设计包括两部分，一是利用网络信息资源获取音频文件，二是通过软硬件技术录制音频，在此基础上分析音频文件的信息特征和效果。

3.1.4　实验步骤

1. 利用网络信息资源，获取各类音频文件及其信息，整理成信息表格
操作步骤如下。
（1）获取以 WAV 和 MP3 两种格式保存的文件；通过百度等搜索引擎可以搜到大量的音频文件，但要注意版权问题；
（2）查看音频文件的信息特征；可单击文件，右键查看音频文件属性；其中 WAV 格式音频文件无压缩，音质好，可较好地还原自然声，但作为数字音乐文件格式的标准，WAV格式容量过大。
（3）转换音频文件格式；各类音频也可被其压缩转换为数据量小的 MP3 或 WMA 格式、OGG 格式或者无损的 APE 格式。此步骤需要事先下载音频播放器和音频格式转换软件，并

在指导老师的指导下熟悉软件的操作。

2. 录制音频

在获取数字音频进行录制之前，须检查麦克风设备是否连接到声卡上或者自带的麦克风功能是否正常。这里学习操作使用 Windows 自带的"录音机"软件录制，注意所录制的声音小于 1 分钟。

数字音频编辑硬件环境的核心就是具备声卡、耳机和音箱等设备的一台多媒体计算机，如果要制作 MIDI 格式的音乐，还应具备 MIDI 键盘。在前期录音时，还需要具有麦克风、调音台、录音室等设备。

操作步骤如下。

（1）启动录音机软件。

（2）单击录音按钮，开始录音。此时，进程滑块向右移动，到右端终点位置停止，时间正好 1 分钟。

（3）单击播放按钮，聆听效果。如果不满意，选择"文件/新建"菜单，清除录音，重新进行步骤（2）。

（4）转换采样频率。选择"文件/属性"菜单，显示"声音的属性"画面。"声音的属性"画面自上而下显示了声音文件的版权、长度、数据大小、音频格式。其中的音频格式就是当前文件的采样频率。画面显示"PCM 44100 Hz，16 位，立体声"，对于语音来说，采样频率过高了，数据量过大，造成存储空间的浪费。单击开始转换按钮，显示"选择声音"画面。在"选择声音"画面的"属性"选择框中，选择适合语音的采样频率"22 050Hz，8 位，单声道 22kbit/s"，单击"确定"按钮。返回"声音的属性"画面，单击"确定"按钮。

需要对任何音频文件进行采样频率转换时，可利用"录音机"的这一功能实现轻松转换。

（5）保存录音。选择"文件/另存为"菜单，指定保存的文件夹，为文件命名，单击"保存"按钮。

现在市场上有许多类型录音功能的硬件和软件，学生可以自行选择使用，并导出数字音频文件，并查看音频信息，了解音频效果，并进一步总结这些软硬件的技术特点。

3.1.5　复习思考题

（1）使用 Windows 录音机录制的音频文件格式是什么？

（2）如何获取 CD 音乐？

（3）结合自身工作学习生活的实际需求，思考应选择何种类型音频素材和音频软件，举例说明。

（4）撰写符合实验内容要求的实验报告：

① 总结并描述出实验详细过程；

② 指出实验过程中遇到的问题及解决方法；

③ 对于上述思考题有一些基本的分析和思考，归纳提炼出相关结论。

3.2　音频采集加工处理实验项目——GoldWave

3.2.1　基本概念

音频采集加工处理方式主要有录音、剪辑、合成、制作特殊效果、增加混响、调整时间长度、改善频响特性等。音质的好坏与采样频率成正比，当然，也与数据量成正比。换言之，采样频率越高，音质越好，数据量也越大。

GoldWave 数字音频软件可以对音乐进行播放、录制、编辑以及转换格式等处理，并能以多种类型的音频格式以及不同的采样频率和精度输出，GoldWave 支持多种声音格式，可以编辑扩展名是 WAV、MP3、AU、VOC、AU、AVI、MPEG、MOV、RAW、SDS 等各种格式的声音文件。

3.2.2　实验目的

（1）了解 GoldWave 软件工具箱、选项栏、菜单栏和音轨等界面特点，学会软件的文件基本操作。

（2）掌握用 GoldWave 声音处理软件进行声音文件录制、降噪以及其他基本编辑以及对声音文件添加各种常见的特殊效果。

3.2.3　实验内容

本实验项目包括了 GoldWave 软件界面、GoldWave 软件操作基本流程、GoldWave 软件基本工具使用及其基本功能的实践应用等操作。

3.2.4　实验步骤

1. GoldWave 界面

单击【开始】按钮选择【程序】，然后选择 GOLDWAVE 程序，打开的工作界面如图 3-1 所示是一个空白的界面，其中有菜单栏、工具栏和控制器等。

2. GoldWave 音频文件打开、播放、录音、保存及关闭

（1）打开音频文件。单击主工具栏【打开】或打开菜单栏【文件】|【打开】按钮，弹出【打开】窗口（见图 3-2），选择并打开声音文件。打开波形文件之后会看到，GoldWave 的窗口中显示出了波形文件的声音的波形。如果是立体声，GoldWave 会分别显示两个声道的波形，绿色部分代表左声道，红色部分代表右声道。而此时设备控制面板上的按钮也变得可以使用了（即由黑白变为彩色）。单击播放按钮，GoldWave 就会播放这个波形文件。

（2）播放音频文件。单击控制器中的 ▶ ▶ ▶ ▣ 播放按钮，此处有 3 个播放按钮，具体播放类型，可以在控制器属性窗口中设定。其中播放 1、播放 2 以及播放 3 都可以从下拉菜单中选择需要的播放模式，其中有全部、选区、非选区、光标、光标到结尾、查看、查看到结尾、结束、前奏/循环/结尾以及循环点（见图 3-3）等。在播放波形文件的过程中单击这些按钮 ◀◀ ▶▶ ⏸ ▇ ，可以随时暂停、停止、倒放、快放播放进度。

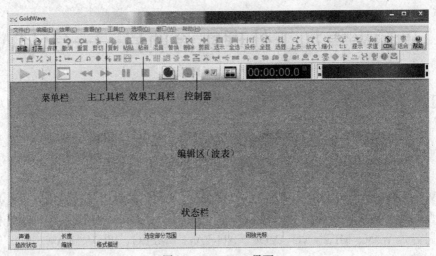

图 3-1　GoldWave 界面

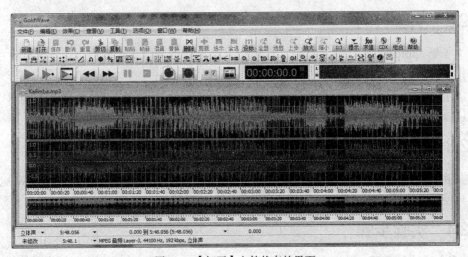

图 3-2　【打开】文件状态的界面

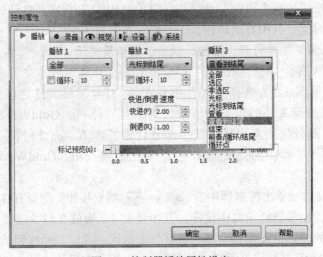

图 3-3　控制器播放属性设定

（3）创建新音频文件。单击主工具栏中的【新建】或打开菜单栏【文件】|【新建】，可以创建新的空白的波形文件（见图 3-4）。

图 3-4 新建声音文件设置

在新窗口中调节声道、音质、频率、持续时间等选项进行音频设置（见图 3-4），默认初始化时间长度为 1 分钟，声道数为立体声，采样速率为 44 100Hz。这些参数选项可以单击"黑色三角形"进行重新选择设定。

单击【确定】按钮，进入待编辑状态（见图 3-5），可以在此基础上进行编辑工作。

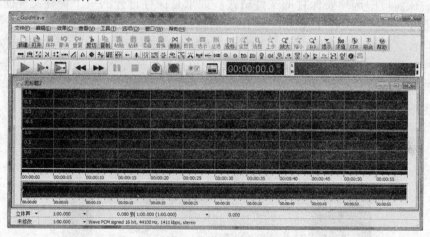

图 3-5 空白待编辑状态界面

（4）录音。单击菜单栏中【工具】|【控制器】选项，打开控制器面板（见图 3-6）。

图 3-6 控制器面板

设置录音属性：单击控制器面板中的"设置控制器属性" 按钮，即可打开控制器属性界面（见图 3-7），进行必要的录音选项、录音模式以及定时录音等设置，一般默认即可。

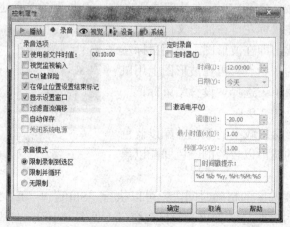

图 3-7 录音属性设置

直接单击控制器面板中的 按钮，即创建打开了一个新的空白音频文件，并开始了录音工作，同时在控制面板中出现了"停止录音（"Ctrl"＋"F8"组合键）"按钮 ■ ；在录音过程中，一条垂直线从左至右移动，指示录音进程。如要停止录音，即可单击 ■ ，得到了一个录制好的音频文件，音频编辑窗口显示录制的音频波形。

> **注意** 如果是麦克风则在控制属性设备中选择麦克风，如果是录音机等播放的，则可选择 LINE IN，如果是录制计算机里的声音，则可选择立体声混音。

（5）保存音频文件。保存编辑好或录制好的音频文件的方法是使用工具栏上的"保存"按钮，然后在窗口中选择要保存的文件格式。如果是保存打开的一个音频文件而不破坏原始文件，还可以选择【文件】|【另存为】，然后选择要保存存放路径和文件格式。一般情况下建议将声音文件格式保存为 WAV、MP3、RAW 中的某一种，其中 RAW 用于网上广播，并可以选择"音质 layer-3，22050Hz，16kbit/s，单声道"。（见图 3-8）这个"另存为"的操作可以将音频文件进行格式转换。如果在【文件】|【选定部分另存为】，则可以用于音频截取操作，形成新的音频文件。

图 3-8 保存文件类型和音质设置

（6）关闭。保存好文件之后，即可以单击菜单栏【文件】|【关闭】或用"Ctrl"＋"F4"组合键，或出现提醒保存确认窗口，即可关闭文件和软件。

3. GoldWave 基本工具实践操作

（1）选择波形区域。GoldWave 在处理波形之前，须先选择需要处理的波形区域。粗略选择区间可以采用按住鼠标左键在波形文件中进行框选，或采用分步方式，即在波形图上先用鼠标左键单击确定所选波形的开始点，再在波形图上用鼠标右键单击出现快捷菜单，选择"设置结束标记"来确定波形的结尾（见图 3-9）。

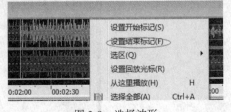

图 3-9 选择波形

这样，选中的波形会以较亮的颜色并配以蓝色底色显示，而未选中的波形以较淡的颜色并配以黑色底色显示。

另外，如果知道要选区的精确时间段，可以执行"Shift"＋"E"组合键或者【编辑】|【标记】|【设置】或者按钮 设标 ，弹出设置标记窗口（见图 3-10），在基于时间位置中填写开始和结束时间，注意此处时间的表示方式。这样就可以精确地作出选区。

（2）主工具栏。

① 复制波形段与粘贴。与其他 Windows 应用程序一样，复制分为复制和粘贴两个步骤，首先，选择波形段以后，按下工具栏上的复制按钮，选中的波形即被复制；然后，用鼠标选择需要粘贴波形的位置，单击"粘贴"即可。

其中粘贴的几种形式，除普通的粘贴之外，在 GoldWave 主工具栏中还有粘贴为新文件（即单击此按钮即得到一个仅包含复制内容的新文件）、混音以及替换等特殊的粘贴命令。普通的粘贴、混音以及替换命令需要先选择新的波形区间，然后进行相应的操作，其中混音命令会弹出新的混音设置窗口，包括"进行混音的起始时间"和"音量"设定等（见图 3-11 ）。

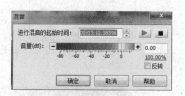

图 3-10　设置标记　　　　　　　　　　　图 3-11　混音

② 剪切波形段。剪切波形段与复制波形段的区别是：复制波形段是把一段波形复制到某个位置，而剪切波形段是把一段波形剪切下来，粘贴到某个位置。

③ 删除波形段。删除波形段的后果是直接把一段选中的波形删除，而不保留在剪贴板中。

④ 剪裁波形段。剪裁波形段类似于删除波形段，不同之处是，删除波形段是把选中的波形删除，而剪裁波形段是把未选中的波形删除，两者的作用可以说是相反的。

⑤ 其他工具栏工具。包括，即选择显示部分波形；，即选择全部波形；，设置选区的起始时间点并选区；，即全部波形显示出来；，即显示被选区的波形；，即CD 读取器以及其他缩放工具等。

4. GoldWave 效果工具实践操作

除了上述基本工具操作外，如要对波形进行较复杂的操作，可选择效果工具栏中的工具，如多普勒、动态、回声、交换、压缩器、扩展器、倒转、机械化、混响、降噪、偏移、反向等，这些效果工具分布在 GoldWave 的效果工具栏中，或者菜单栏【效果】中。

（1）降噪操作。录音过程中往往有一定的背景噪声，在 GoldWave 中有一个降噪命令，可以过滤掉这些噪声。打开录音文件，可以发现两个音波之间有一些锯齿状的杂音（见图 3-13 ）。

此时，我们可以用鼠标拖曳的方法选中开头的那一段杂音，然后单击菜单【编辑】|【复制】命令；再单击工具栏上的【全选】按钮，选中所有音波，也就是对所有音波进行降噪处理；最后单击效果工具降噪按钮，或者执行菜单【效果】|【滤波器】|【降噪...】命令（见图 3-14 ），即可弹出来一个面板（见图 3-15 ）。

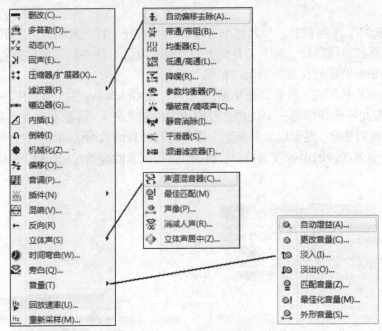

图 3-12　GoldWave 效果工具

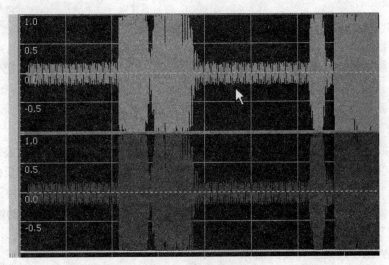

图 3-13　文件杂音波形

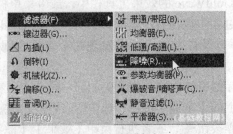

图 3-14　降噪命令

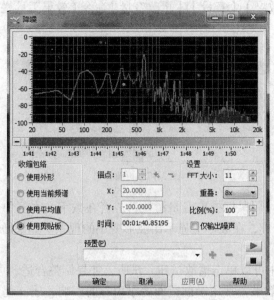

图 3-15　降噪面板

　　然后在弹出来的面板中，单击下边的【剪贴板】，再单击"确定"按钮回到窗口中，可以消除杂音；最后，将文件保存。

　　（2）淡入淡出。淡入淡出可以设置声音的渐强和渐弱变化效果。

　　淡入淡出操作步骤如下。

　　① 选择【文件】|【打开】菜单，打开一段音乐。

　　② 聆听乐曲开始部分，确定合适的选区。

　　③ 单击（淡入）按钮（【效果】|【音量】|【淡入】，显示"淡入"设置画面（见图 3-16）。如果从无声开始逐渐过度，不做调整，单击"确定"按钮。观察选区内的波形，其振幅从无到有。

图 3-16　淡入

　　④ 同样在音乐末尾部分设置选区，单击"淡出"按钮，显示"淡出"设置画面。要使声音逐渐消失到零，直接单击"确定"按钮。选区内的波形振幅逐渐消失。

　　⑤ 淡入、淡出效果设置完成后，聆听效果。

　　⑥ 保存处理结果。文件取名为"淡入淡出效果.wav"。

　　（3）更改音量。更改音频文件某一段的音量，使得音频音量变小。

　　更改音量的操作步骤如下。

① 执行菜单栏【效果】|【音量】|【更改音量】命令（效果工具栏中也有更改音量按钮），弹出【更改音量】窗口（见图3-17）。

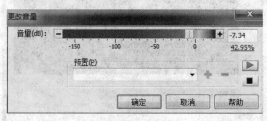

图3-17　更改音量

② 调整音量数值。用鼠标拖曳音量滑块，或者在数字文本框中修改数字，其中负值为降低音量。如果降低音量，在波形上显示出波形变小的现象。如果增加音量，在波形上显示出波形变大的现象。

③ 调整音量过程中可以单击播放按钮，试听，如果调整合适，可以单击"确定"按钮。

（4）回声。"回声效果"常用于创造回荡于山谷的声响，还能起到润色声音的作用，这就是常说的"混响效果"。利用GoldWave软件的回声处理能力，可以对声音施加不同强度的混响效果。

产生回声的基本操作步骤如下（见图3-18）。

① 设置回声编辑区域，即把需要制作回声的音频部分选取出来。

② 单击回声工具，显示回声对话框。

③ 在对话框中，移动回声滑块，确定叠加波形的数量，通常取2~4。

④ 移动延迟滑块，调整各次波的延迟时间。

⑤ 移动音量滑块，确定叠加波形的衰减音量。

⑥ 设置完成后，单击"确定"按钮。

如果希望回声采用立体声，则选择立体声选项，如果希望回声不绝于耳，选择产生尾声选项，默认选项为产生尾声选项；另外，还可以单击对话框中的播放按钮，试听效果。

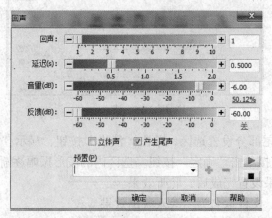

图3-18　回声

（5）混响时间。混响时间的长短是润色音色的技术手段，混响时间长，声音显得圆润空旷。

混响时间操作步骤如下。

① 设置混响时间编辑区域，即把需要制作混响时间的音频部分选取出来。

② 单击混响按钮工具，显示混响对话框。

③ 在对话框中，移动混响时间滑块，确定混响时间，单位为"秒"。

④ 移动音量滑块，改变叠加到原声上的声波幅度。

⑤ 移动延迟深度滑块，改变延迟时间。

⑥ 设置完成后，单击"确定"按钮。

还有其他效果工具按钮的使用，如频率均衡控制（均衡器按钮）、时间调整（时间弯曲按钮）以及声像漂移（声像按钮）等，其操作方法很类似，按下相应按钮后，就会弹出一个窗口，只要调节窗口中各个参数就可以完成对声音的处理；不过有些按钮却需要用图形的方式来调节参数。

（6）合成。音频素材的合成就是将多个音频文件合成在一起，成为单一文件。

这里以背景音乐与语音合成为例，其合成步骤如下。

① 打开参与合成的音频素材（背景音乐和语音），并将素材文件音频窗口有序排列，可以选择【窗口】|【横向平铺】或者【纵向平铺】，即可整理好打开的素材文件。

② 在语音文件窗口中设置编辑区域。

③ 单击"复制"按钮，将编辑区域的语音复制到剪贴板。

④ 然后单击背景音乐文件窗口，用鼠标左键单击设置好合成的起点。

⑤ 单击"混音"按钮，弹出【混音】对话框，调整其中音量滑块，改变合成的语音音量。如果语音原有音量较小，可以右移动滑块，提高音量。

⑥ 单击"确定"按钮，语音即被合成在背景音乐中。

音频合成可以在单声道与双声道之间进行。

3.2.5　复习思考题

（1）为减少对硬件资源的占用，如何对 GoldWave 软件进行参数设置？

（2）如何对语音进行回声操作？

（3）请完成频率均衡控制（均衡器按钮）、时间调整（时间弯曲按钮）以及声像漂移（声像按钮）等音频文件的操作应用。

（4）音频合成时，如果单声道音频合成双声道音频中，或者双声道音频向单声道合成时，最后合成的音频文件分别是单声道还是双声道？请尝试操作。

（5）结合自身工作学习生活的实际需求，利用 GoldWave 软件对音频素材进行合成，举例说明。

（6）撰写符合实验内容要求的实验报告：

① 总结并描述出实验详细过程；

② 指出实验过程中遇到的问题及解决方法；

③ 对于上述思考题有一些基本的分析和思考，归纳提炼出相关结论。

3.3 音频采集加工处理实验项目——Audition

3.3.1 基本概念

Adobe Audition（前身是 Cool Edit Pro）是 Adobe 公司开发的一款功能强大、效果出色的专业音频编辑和混合软件，提供音频混合、编辑、控制和效果处理功能，最多可混合 128 个声道，可以编辑多个音频文件，创建回路时可使用 45 种以上的数字信号处理效果，可应用于录制音乐、无线电广播以及影片配音等领域。

3.3.2 实验目的

（1）了解 Audition 软件界面特点，学会 Audition 软件的基本使用操作。
（2）掌握用 Audition 声音处理软件进行声音文件的处理。

3.3.3 实验内容

本实验项目包括了 Audition 软件界面、Audition 软件操作基本流程、Audition 软件基本工具使用及其基本功能的实践应用等操作。

3.3.4 实验步骤

1. Audition 界面

Adobe Audition 的编辑界面（见图 3-19）主要是由工作区（波形显示区域）和文件素材框等面板组成，在文件素材框上方的选项卡里可以选择效果调板和收藏夹调板。

软件界面面板中文名称在不同的翻译版本中有不同的表达方式。

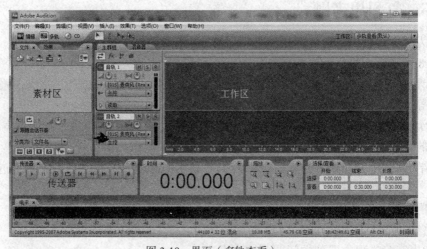

图 3-19 界面（多轨查看）

在软件的显示界面上通过选择【编辑】|【首选项】|【外观】命令，在"首选项"对话框中可以为界面设置不同的颜色和亮度等，以符合用户的使用要求。

2. Audition 基本流程实践操作

（1）打开。双击 Adobe Audition 的图标，打开程序，然后会进入 Audition 的编辑界面（见图 3-20）。

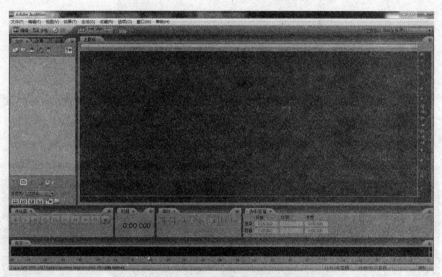

图 3-20　空白界面（编辑查看）

如果是首次启动 Audition 软件，会出现一些提醒用户设置临时文件夹的界面，我们可以一路单击【确定】下去，直到出现编辑界面即可。

打开或导入准备好的音频文件。在 adobe Audition 软件界面中，选择菜单栏【文件】|【打开】，选择准备好的文件打开即可（或"Ctrl"＋"O"组合键），还可以直接按菜单下面的文件按钮也能打开文件。

（2）录音。进入编辑界面之后可以直接单击【传送器调板】上的录音键进行录音（见图 3-21）。

图 3-21　传送器

此面板包含各种对音频的播放、暂停、停止等控制按钮。

此时，会出现新建波形界面（见图 3-22）。

工作区在编辑查看模式下，则出现新建波形窗口；工作区在多轨查看模式下则需要事先选择一条音轨作为录音轨，即单击此轨道上的 R 录音备用按钮。

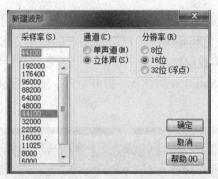

图 3-22　新建波形

　　根据自己录音的需要，在新建波形窗口中选择好采样率和分辨率即可，选择完毕后，单击【确定】进入录音界面（见图 3-23），此时就可以开始录音了。在录音的同时可以从工作区看到声音的波形。

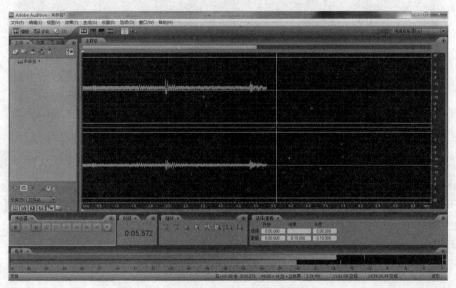

图 3-23　录音界面

　　录音完毕时，可再次单击【录音键】结束录音。在【传送器调板】上可以进行音频的重放，了解录制的效果。如果满意的话，选择【文件】|【另存为】，选择保存位置并命名文件名，单击"保存"按钮即可。

 　　一般在开始录音之后可先录制 10 秒左右的环境噪音，然后再开始录制自己的声音，这样可以方便后期进行降噪处理。

　　当然，还可以按照一般的步骤，选择【文件】|【新建】，进入编辑界面之后，再单击【传送器调板】里的录音键，也可以开始录音。

 　　如果录音源来自麦克风，一般采用默认方式即可。

（3）保存与关闭。音频录音或者编辑处理好之后，就可以单击菜单栏【文件】|【存储】等命令，在弹出窗口中设置好文件保存路径和文件名称，即可予以保存音频文件。保存好音频文件，如需关闭当前文件，或者退出软件，可直接单击界面右上角的关闭按钮。

3. Audition 基本功能实践操作

（1）单个音频的编辑。对于单个音频，主要是音频剪裁、音量调整和降噪等编辑操作。

其中剪裁音频文件中不必要的部分，只要用鼠标左键框选不需要的部分（见图 3-24），然后按 "Delete" 键就可以删除框选的波形（见图 3-25）。

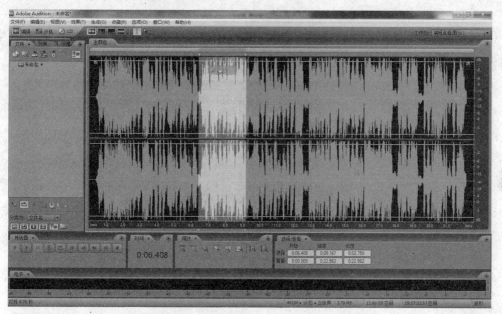

图 3-24　选择波形

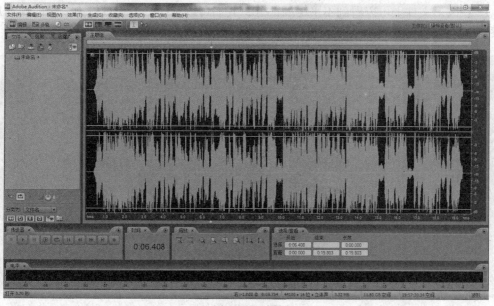

图 3-25　删除

当然也可以用菜单方式选择相应的命令即可，即选择了音频片段之后，在选择区域中单击鼠标右键，出现快捷菜单，在其中选择分割命令，即可将此片段分离出来，形成单独的音频，此时可直接将分离出来的音频片段删除。

在音频片段上鼠标右键快捷菜单上选择【调整音频片段音量】命令，在出来的面板上调整音量即可。

在快捷菜单上还有其他操作命令，基本上都是类似操作方式。

（2）音频的降噪。对于录制完成的音频，由于硬件设备和环境的制约，总会有噪音生成（见图 3-26）。如果需要降噪，就可以利用 Audition 软件对音频进行降噪。

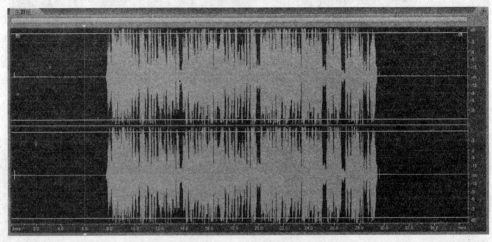

图 3-26　带噪音文件

① 在波形文件上可以看到不平缓的部分，我们可以选择一段相对较为平缓的噪音片段（见图 3-27），确认为本底噪音，大概 1 秒钟时间。

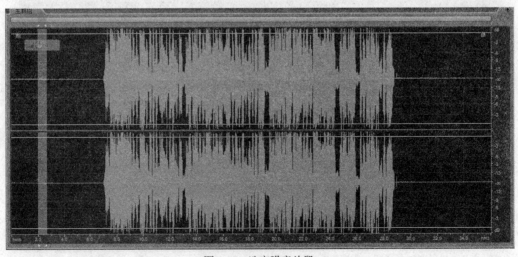

图 3-27　选定噪音片段

② 我们在右侧素材框上，选择效果调板，选择【修复】|【降噪器】（见图 3-28）。

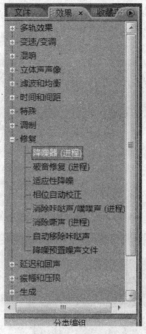

图 3-28　效果调板

③ 双击打开降噪器，然后单击【获取特性】按钮（见图 3-29）。

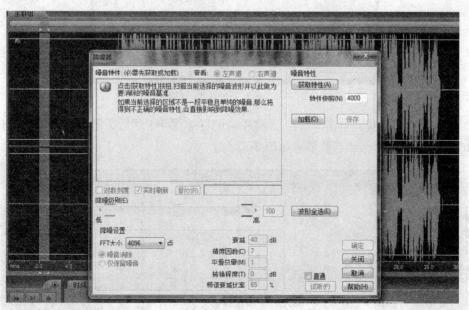

图 3-29　降噪器

此软件会自动开始捕获噪音特性（见图 3-30）。

然后生成相应的图形（见图 3-31）。

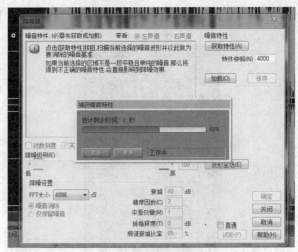

图 3-30　捕获噪音特性

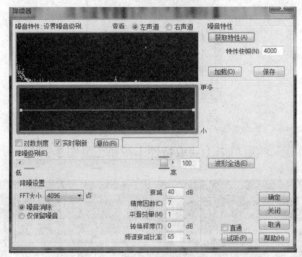

图 3-31　降噪器捕获噪音结果

④ 捕获完成后，我们单击"保存"，将噪音的样本保存。然后关闭降噪器，单击工作区，按"Ctrl"+"A"组合键全选波形（见图 3-32）。

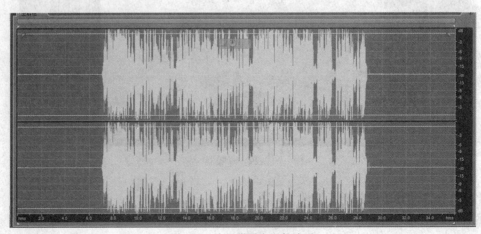

图 3-32　全选带噪音文件波形

⑤ 打开降噪器，单击"加载"，将刚才保存的噪音样本加载进来。

接下来，为较好地降噪，而不降低原文件的录音质量，一般地需要先调低降噪级别，因此第一次降噪可以将降噪级别设为 10%（见图 3-33）。

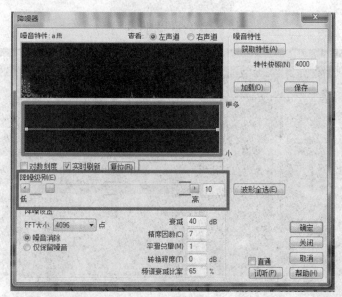

图 3-33　降噪级别

⑥ 单击"确定"按钮，软件会自动进行降噪处理（见图 3-34）。

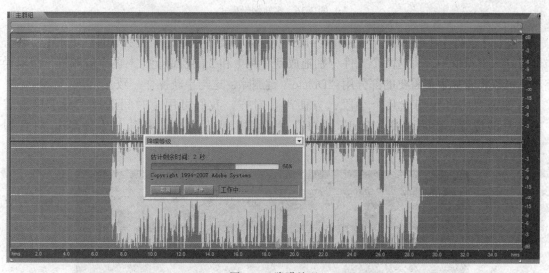

图 3-34　降噪处理

完成第一次降噪之后，可以再次在噪音部分重新进行采样，然后降噪，多进行几次。每进行一次将降噪，级别提高一些，一般经过两三次降噪之后，噪音基本上就可以消除了。

（3）多个音频的编辑。多个音频文件的编辑需要进入多轨模式进行。我们单击素材框之上的按钮"多轨" 多轨，（见图 3-35）即可进入多轨编辑模式。

图 3-35　多轨编辑模式选择

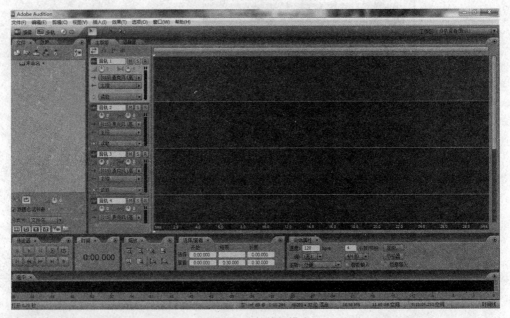

图 3-36　多轨编辑模式

选择【文件】|【导入】，在弹出的界面中，选择需要使用的两个音频文件，单击【打开】，即可导入素材框中，将这两个文件分别拖放到音频 1 和 2 的轨道上，对两个音频进行编辑操作，可以将音频中不需要的部分用 "Delete" 键删除，这与单轨操作一致。

如需要将音频切成几个小段，方便声音对齐，我们可用【时间选择工具】单击需要切开的位置，然后使用 "Ctrl" + "K" 组合键，或者选择【剪辑】|【分离】，将音频切割开（见图 3-37）。

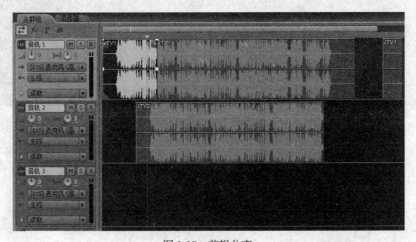

图 3-37　剪辑分离

然后可利用移动工具 ，对音频块进行移动（见图 3-38），将音频对准。

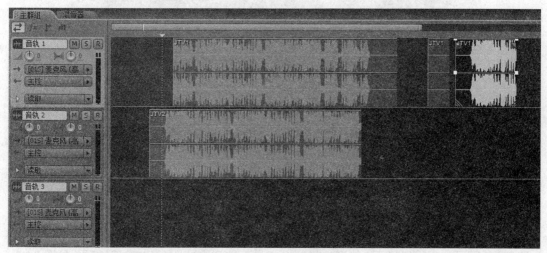

图 3-38　移动音频

　　完成对齐之后，可以根据自己的需要对音频添加一些特效，这时只要选中我们需要添加特效的音频块，然后在左侧素材框上选择效果调板，选择需要的效果并双击，按照降噪类似的步骤就可以完成效果的添加。

　　多轨音频完成编辑之后，最好先试听，确定没有问题之后再导出，同时导出时最好是选择"wav"或者是其他的无损或高质量的音频格式，作为留底保存，然后再选择符合规范的音频格式进行发布输出。如果要输出，选择【编辑】|【混缩到新文件】|【会话中的主控输出】，按照需要选择立体声或者是单声道，选择好立体声或者单声道之后，软件会自动开始进行混缩，并在单轨模式下自动生成一个混缩文件，这时只要再按照单轨编辑的保存方式进行保存就可以了（见图 3-39）。

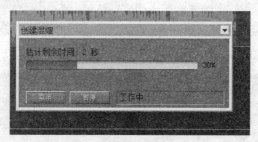

图 3-39　多轨音频输出

　　（4）音频编辑综合实例操作。
　　① 选中音频文件，将编辑器调到多轨的界面（提示：可以先在素材区中打开音频文件）。
　　② 选择此音频文件，单击鼠标右键，将音频文件直接添加到多轨中（见图 3-40）。

提示

　　这里将此音频文件添加到两个轨道里。

图 3-40　插入多轨

③　为音频文件中"人的声音"，需要利用【效果面板】，进入各种效果面板界面。

④　选择好第二个音轨，选择效果面板中的【立体声声象】|【声道重混缩】（见图 3-41），并且双击，即可弹出设置界面，然后选择预设效果下拉列表的"Vocal Cut"选项（见图 3-42），选择后即可关闭。

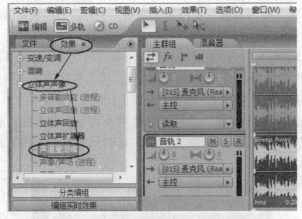

图 3-41　选择声道重混缩

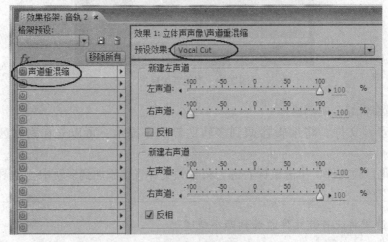

图 3-42　声道重混缩的预设效果

⑤ 重复编辑修复乐器声，调整增益范围：单击【图示均衡器】，进入图示均衡器界面（见图 3-43）。

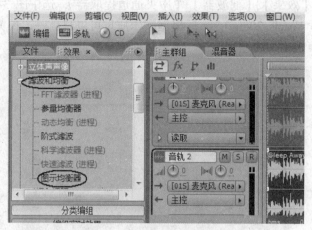

图 3-43　选择图示均衡器

图示均衡器是基础工具，也可以使用参量均衡器等。

⑥ 调整均衡器的各个滑块的值（见图 3-44）。

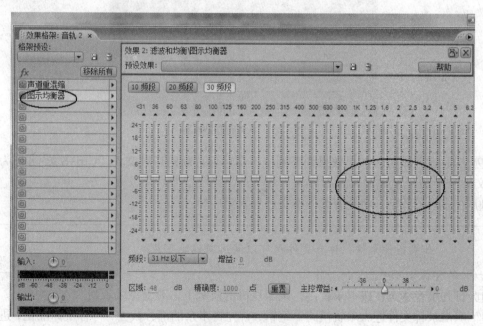

图 3-44　调整均衡器

在图示均衡器里增益范围中，正负各 45dB，中间的 10 格增益控制基本上就是人声的频率范围。将人声覆盖的频段衰减到最小，调整时可以播放音频文件，一边听效果一边调整，如此更方便调整到位。

⑦ 如果还有其他不如意的地方，也可以继续利用效果面板中的工具进行音频文件的杂音和其他音效的调整。

⑧ 还可以单击【效果】|【滤波器】|【中央通道提取器】，选中图 3-45 所示的预设效果选项 Karaoke（Drop Vocals 20dm），然后根据配乐质量可以自己一边预览一边调音，这样最后出来的音频，人声很小（注意问题：一般不可能完全消除人声）。

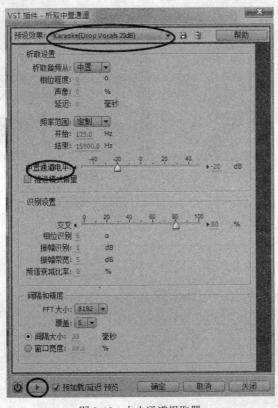

图 3-45　中央通道提取器

⑨ 然后播放试听，如果效果调整到位，即可保存新的音频文件（Ctrl+S），可作为伴奏音频文件。

⑩ 在多轨模式下，将此音频伴奏文件导入第一轨。

　　　　如果条件允许，伴奏文件也可以网络网站上下载。

⑪ 打开录音状态：按下录音键，跟随耳机的监听下，对麦克风录制。

⑫ 双击录音文件进入单轨模式下编辑，首先将多余的部分裁去，将音量标准化，进行降噪处理，还可以混音处理，包括高音激励、压限和混响。

⑬ 播放试听录制效果，如果效果符合要求，即可保存新的音频文件（Ctrl+S）。

3.3.5　复习思考题

（1）如何利用 Audition 软件对一段音频进行标准化（处理）？

（2）如何利用 Audition 软件选择本底噪声降噪？

（3）如何为音频文件添加特效？

（4）如何同时编辑几个音频文件？

（5）结合自身工作学习生活的实际需求，唱一首歌，结合伴奏曲，完成所需效果的处理。

（6）撰写符合实验内容要求的实验报告：

① 总结并描述出实验详细过程；

② 指出实验过程中遇到的问题及解决方法；

③ 对于上述思考题有一些基本的分析和思考，归纳提炼出相关结论。

3.4　本章实验内容小结

（1）音频基本概念部分：音频含义及特点、数字录音含义、音频类型、获取声音等。

（2）音频采集加工处理软件 GoldWave 部分：界面认识、音频文件打开、播放、录音、保存及关闭、基本工具实践操作包括选择波形区域、主工具栏（含复制与粘贴、剪切、删除、剪裁、选示等按钮工具）、效果工具实践操作（含降噪、淡入淡出、更改音量、回声、混响时间、合成等效果工具）。

（3）音频采集加工处理软件 Audition 部分：界面认识、音频文件基本流程实践操作（含打开、录音、保存与关闭等）、基本工具实践操作（包括单个音频的剪裁、音量调整和降噪等编辑、多个音频多音轨的编辑、音频编辑综合实例等操作）。

第4章
视频处理

MPC 多媒体技术应用视频处理主要是指使用视频和音频工具在个人计算机上录制、编辑加工和播放视频，进行视音频编辑、剪辑、增加特效，用以增强视频观赏性，保存为适当视频格式并发布出去。

【内容提示】

本章推荐两个视频处理实验项目，包含视频基础知识实验项目和视频加工处理实验项目。

视频基础知识实验项目主要强调了视频基本概念、视频编辑类型以及非线性编辑内容和技巧等，引导学生在观看电影或视频过程中加深对视频技术知识及其应用的理解，强化学生主动利用视频处理软件技术处理视频的意识。

视频加工处理实验项目主要是介绍 Premiere 软件的基本操作。本实验项目包括了 Premiere 软件文件项目创建及其界面、Premiere 软件操作基本流程、Premiere 软件基本面板和工具以及其基本功能的实践操作知识等，可使得学生初步具备视频加工合成的操作应用能力。

4.1　视频基础知识实验项目

4.1.1　基本概念

视频主要是指连续以每秒超过 24 帧（frame）图像画面变化时出现平滑连续的视觉效果，也通常指各种动态影像的储存格式即视频格式，它们可以被记录下来并经由不同的物理媒介如计算机、电视机、手机等存储、编辑和发送。

帧率（frame rate）是视频格式每秒钟播放的静态画面数量，由早期的每秒 6 张或 8 张（frame per second，fps）至现今的每秒 120 张不等。PAL（欧洲、亚洲和澳洲等地的电视广播格式）与 SECAM（法国、俄国及部分非洲等地的电视广播格式）规定其帧率为 25fps，而 NTSC（美国、加拿大和日本等地的电视广播格式）则规定帧率为 29.97 fps，电影胶卷则是以 24fps 拍摄。

视频中所谓场景可以成为镜头，是视频作品的基本元素，一般情况下是指摄像机一次拍摄形成的一段视频内容，视频编辑过程中，用于剪切。

视频格式可分为两大类，即影像格式（Video）和流媒体格式（Stream Video）。

1. **影像格式的分类**

（1）AVI 格式：微软（Microsoft）提出的一种视频格式。

（2）MOV 格式：苹果（Apple）公司提出的一种视频格式。

（3）MPEG/MPG/DAT：国际标准化组织（International Standards Organization，ISO）与国际电工委员会（International Electronic Committee，IEC）联合开发的编码视频格式。MPEG是运动图像压缩算法的国际标准，现已被几乎所有的计算机平台共同支持。

2. **流媒体格式的分类**

（1）RM 格式：Real Networks 公司开发的一种新型流式视频文件格式。

（2）MOV 格式：MOV 也可以作为一种流文件格式。QuickTime 能够通过 Internet 提供实时的数字化信息流、工作流与文件回放功能，为了适应这一网络多媒体应用，QuickTime为多种流行的浏览器软件提供了相应的 QuickTime Viewer 插件（Plug－in），能够在浏览器中实现多媒体数据的实时回放。

（3）ASF 格式：微软公司开发的流媒体格式，是一个在 Internet 上实时传播多媒体的技术标准。

视频编辑是非常重要的必不可少的视频应用技术，一般包括传统的线性编辑方法和非线性编辑方法。而相比传统线性视频编辑而言，非线性编辑具有明显的优势，其特征为：编辑效率高、成本费用低、集成度高、信号质量高和易于学习应用操作等。

传统的视频编辑制作是利用编辑机来完成的，即剪辑师首先使用放映机从磁带中选取一段视频素材，将其记录到录像机中，然后再以上述方式选择视频素材和记录素材，直到所有的视频画面都按照顺序记录下来。一旦记录下来，就不能在某两个画面之间插入一个视频画面，也无法删除记录好的不需要的画面，除非重新录制一遍；而非线性编辑则是采用计算机图像技术与压缩技术将音频和视频素材数字化，存储在计算机储存器中，然后可对存储好的素材进行编辑处理，与原始素材和加工素材的存储位置以及先后顺序无关，可以对数字化的视音频素材随意编辑，并可以最终作品文件形式存储到硬盘、光盘或其他媒介中。

随着 MPC 性能提高以及网络化应用普及，非线性视频编辑应用会越来越广泛，极大地丰富大家的学习工作生活。

4.1.2　实验目的

（1）收集各类视频格式的文件信息，了解视频文件的类型及其特点。

（2）了解视频设备及编辑软件类型特点，分析视频技术发展趋势。

（3）利用视频格式转换工具进行格式转换，注意视频编辑处理后的数据量及质量变化。

4.1.3　实验内容

为实现本实验目的，实验内容设计包括两部分，一是利用网络信息资源和软硬件技术设备获取视频文件，并在此基础上分析视频文件的信息特征和效果；二是掌握非线性视频编辑过程和编辑技巧，在后续的实验项目中可以加以利用。

4.1.4　实验步骤

1. **获取信息**

利用网络信息资源或者现有硬件设备，获取各类视频文件及其信息特征，整理成信息表格。

具体操作步骤如下。

① 获取以 AVI 和 MP4 两种格式保存的文件；通过百度等搜索引擎可以搜到大量的视频文件，但要注意版权问题，还可以利用身边的摄像机、手机等硬件设备录制视频。

② 查看视频文件的信息特征；可单击文件，再单击右键查看音频文件属性。

③ 转换视频文件格式；各类视频文件也可被其压缩转换为数据量小的 MP4 或 RM 等格式。此步骤需要事先下载视频播放器和视频格式转换软件，并可在指导老师的指导下熟悉软件的操作。

市场上视频格式转换软件比较丰富，如格式工厂等软件基本上能满足格式转换要求，基本操作为：首先导入需要格式转换的视频文件，然后选择相应的格式转换模式和存放路径，最后选择"确定"按钮转换即可。

2. 掌握非线性视频编辑

非线性视频编辑主要依赖各类设备和软件，一般需要满足包括素材采集与导入、素材编辑、特效处理、字幕制作和作品输出等功能应用需求。

基本操作步骤如下。

（1）素材采集与导入。素材采集与导入是利用非线性编辑软件，将模拟视音频信号转换成数字信号，并存储在计算机中，或者将外部的数字信号导入计算机中，成为可以编辑的素材。

（2）素材编辑。素材编辑是指设置素材的入点与出点，选择所需的素材内容，再按照时间顺序组接成新的素材。

（3）特效处理。素材的特效处理主要包括视音频转场、视音频特效和合成叠加等。

（4）字幕制作。字幕是视频作品的必不可少的部分，包括文字和图形等，常见形式有片头字幕、片中字幕和片尾字幕等。

（5）作品输出。视频编辑完成后，可以将其存储，或者发布到光盘或网络页面上等。

3. 了解视频编辑基本技巧

（1）镜头的切换。视频的"切换"是利用镜头画面直接切出、切入的方法衔接镜头、连接场景、转换时空，以无技巧的方式进行镜头组接的编辑方法。

其一，要强调镜头的内在联系，在人物关系、情节、动作等方面有合理的联系性。镜头的组接要能够讲明事件的发展状况，不能一味省略而使观众看不懂，要时刻考虑是否符合叙事的要求，观众能否理解和接受。

其二，要注意节奏的安排。视频的节奏由内部节奏和外部节奏组成。内部节奏是由视频的情节发展、矛盾冲突以及主体本身的运动变化而产生的；外部节奏主要指镜头的运动速度和镜头切换的速度。内部节奏由剧本、结构以及拍摄手法决定；外部节奏可以由编辑方式决定。

（2）镜头语言的省略与凝练。

其一，蒙太奇是一种省略的艺术，可以将漫长的生活流程用短短的几个镜头表达出来，将要传达的意图提纲挈领地传达给观众。一部影片所包含的内容可能很多，要表达的故事可能很复杂，如何取舍、如何抓住讲述的重点十分关键。不加以取舍，影片就会像流水账一样，平淡无味。凝练也不等同于将所有的东西都省略、草率地讲述，不顾观众是否理解；而是压缩时间的同时，为情绪的表达增加写意空间，有紧有松，造成节奏的变化。

其二，在影片中经常会发现省略的运用。通过几个镜头也可以交代好几年的时间，快速推动了剧情的进程。

（3）主体动作的连贯性。要将表现一个连贯动作的一组镜头无痕迹的编辑在一起，而不使人产生跳跃的感觉，需要掌握其中的一些技巧。

其一，应该选取动作变化的关键点进行组接。例如，表现一个人走到屋前张望，中间有这样几个动作：向前走——停住——张望——上台阶。要使用 3 个镜头来表现，可以在停住、张望这两个关键点进行组接。

其二，对于相同景别的主体动作，如果前后两个镜头中，主体的位置、景别、动作都相同，组接时容易产生跳跃感，这时要注意主体的出画与入画。

（4）景别的运用。

其一，不同景别的镜头具有不同的含义，一般大全景、全景排列在开头或结尾，交代人物活动的环境，展现气氛气势；中景更重视具体动作和情绪交流，有利于交待人与人、人与物之间的关系；近景画面主体更加突出，环境和背景的作用降低，用来细致地表现人物的面部神态和情绪；适量的特写可以起到放大形象、强化内容、突出细节等作用，并达到透视事物深层内涵、揭示事物本质的目的。

其二，按照全景、中景、近景、特写的顺序组织镜头是一种比较顺畅的编辑方式。一个场景的开始可以用全景或大全景交代情节发生的环境因素，之后用中景、近景交代主体的活动，推动剧情的发展，其中适当的运用特写十分关键，在交代某种细节、突出某种特征的时候，特写是最有效的方式，但是特写不同于普通镜头，过于频繁使用效果会适得其反。

4.1.5　复习思考题

（1）总结身边常用的视频文件格式类型及其特点？
（2）何种视频格式适用于网络流媒体应用，为什么？
（3）结合自身工作学习生活的实际需求，展开一段视频的创意分析设计。
（4）撰写符合实验内容要求的实验报告：
① 总结并描述出实验详细过程；
② 指出实验过程中遇到的问题及解决方法；
③ 对于上述思考题有一些基本的分析和思考，归纳提炼出相关结论。

4.2　视频加工处理实验项目

4.2.1　基本概念

视频编辑软件 Premiere 是一款专业级非线性视频编辑软件，集视频和音频处理于一体，将视频、动画、声音、图形图像、文字等多种素材进行编辑合成，并添加各种特效和运动效果，最后输出为各种形式的作品，既能制作出高质量的视频，又有很好的兼容性，能结合 Adobe 公司的其他设计软件（如 AE 和 PS 等）制作出一流的影视作品，广泛应用于广告制作和电视节目制作中。其主要功能有：①从摄像机或者录像机上捕获视频资料，从话筒或录音设备上捕获音频资料；②将视频、音频、图形图像等素材剪辑成完整的影视作品；③在前后两个镜头画面中间添加专场效果，使得镜头平滑过渡；④利用视频特效，制作视频的特殊效果；⑤对音频素材进行剪辑，添加各种音频特效，产生各种微妙的声音效果；⑥输出多种格式的文件，既可以输出.avi、.mov 等格式的电影文件，也可以直接输出到 DVD 光盘或者录像带上。

4.2.2　实验目的

（1）了解 Premiere 软件的特性、工作界面及各面板的基本操作。

（2）学会创建和保存 Premiere 项目文件、项目参数设置以及使用视频素材的导入和视频输出等。

（3）学会使用 Premiere 软件进行视频其他各项编辑操作。

4.2.3　实验内容

本实验项目包括了 Premiere 软件文件项目创建及其界面、Premiere 软件操作基本流程、Premiere 软件基本面板和工具使用以及其基本功能的实践应用等操作。

4.2.4　实验步骤

1.　Premiere 项目文件创建和实际操作界面

创建项目是整个编辑工作流程的第 1 步。

双击桌面上的 Adobe Premiere 图标或在【开始】菜单中选择【Adobe Premiere】命令，启动 Premiere，在弹出的欢迎界面中（见图 4-1）选择【新建项目】选项，创建新项目。

> 所谓项目实际上是 Premiere 软件所需文件集合，包括视频文件、音频文件、动画、图像、字幕以及时间轴序列等；另外，此处项目文件并不是视频输出的视频文件。

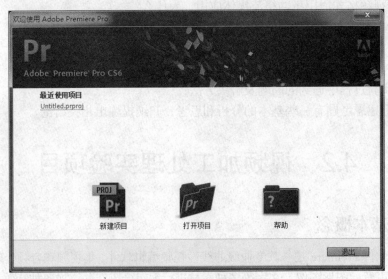

图 4-1　工程操作欢迎界面

如果以前创建过项目，则在【最近使用项目】标签下面会出现创建过的项目名称，单击项目名称就可以直接进入相应的项目中再次进行编辑；若初次使用 Premiere 软件，工程操作界面就没有最近使用项目文件的快捷通道，可直接按照下面的步骤进行操作。

（1）打开【新建项目】弹出项目设置菜单。每次创建新项目时，都会弹出【新建项目】对话框（见图 4-2），可以在其中对项目进行初始设置。

图 4-2　新建项目

（2）确定项目位置和名称，设置结束后单击【确定】。选择了相应的预置模式之后，单击【新建项目】对话框右下方的按钮，弹出【浏览文件夹】对话框，在其中选择要保存项目的路径，然后返回【新建项目】对话框。在【名称】文本框中为新项目命名，默认为"未命名"，单击【确定】按钮，建立并保存一个新的项目文件，并出现【新建序列】对话框，其中【序列预设】标签和【设置】标签可以给出多种预置的视频和音频配置，有 PAL 制、NTSC 制、24P 的 DV 格式以及 HDV 格式等，选择好相应配置后，可以定义序列名称，单击"确定"按钮（见图 4-3）。

图 4-3　新建预设

> 在预置方案选择或自定义设置中，帧频越大，视频合成所需要的时间就越大，最终生成的视频数据量就越大。

（3）单击"确定"按钮后，弹出【软件编辑面板】窗口（见图4-4）。

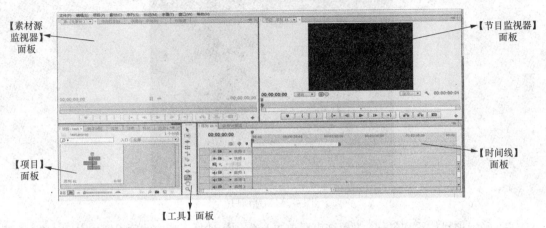

图4-4 软件编辑窗口

（4）定制工作区。为满足不同的软件应用及视频编辑处理需要，我们可以在菜单栏中选择【窗口】/【工作区】命令，可以选择使用预置的工作区。

Premiere提供了4种不同的工作区：效果、编辑、色彩校正、音频，还支持用户根据个人需要，自行安排工作区域的设定，在任意一个面板标题栏左侧的控制拉手处，单击并拖曳鼠标到另一个面板的上方，将出现蓝色的色块。移动鼠标指针到不同的位置，会出现不同形状、不同颜色的色块，以提示将来面板的叠加方式或者排列位置。释放鼠标之后，会按照色块决定的方式来排列面板。

（5）参数（或者首选项）（Preferences）命令主要是对计算机硬件和Premiere系统进行设置，通常只需要设置一次就会应用到所有的项目。在菜单栏中选择【编辑】/【参数（或者首选项）】命令。

我们根据个人习惯及项目的需要，在开始项目之前，自行设置相关的参数，也可以随时修改参数，并使它们立即生效。

【常规】分类用于设置一些项目通用的选项，例如视频、音频切换特效的默认时间长度、静态图像的时间长度及采集过程中摄像机的预卷/后卷时间等。

【用户界面】：设置用户工作界面的亮度。

【音频】：进行音频方面的相关设置。例如，5.1声道的混合方式、使用调音台改变音量或者声像时自动优化关键帧的设置等。

【音频硬件】：设置默认的音频硬件设备，并进行ASIO设置。

【音频输出映射】：设置每个音频硬件设备通道对应的Adobe Premiere Pro音频输出通道，通常使用默认设置。

【自动保存】：设置自动保存项目文件的频率及最大版本个数。

【采集】：设置采集时的相关选项。

【设备控制】：设置设备的控制程序及相关选项。

【标签颜色】：设置各种标签的具体颜色。

【默认标签】：设置素材容器、序列和其他各种素材在默认状态下对应的标签种类。

【媒体】：设置媒体的缓存空间及其他相关选项。

【暂存盘】：设置文件采集、编辑回放时需要的暂存盘。

【字幕】：设置在字幕设计窗口中显示的字体样本。

【样式示例】选项设置样式预览时使用的字符。

【字体浏览】选项设置浏览字体时显示的字符。

【修整】：设置最大修整偏移量。

2. Premiere 项目文件素材导入、项目文件保存及输出

此步骤操作可使学生对如何使用 Premiere 编辑作品有一个初步的了解，具体包括如下基本操作步骤。

（1）导入素材。导入素材可在打开编辑界面情况下通过 "Ctrl" ＋ "I" 组合键方式或者菜单方式【文件】|【导入】或者快捷菜单方式，即在【项目】面板中单击鼠标右键，在弹出的快捷菜单中【导入】选项（见图 4-5）。

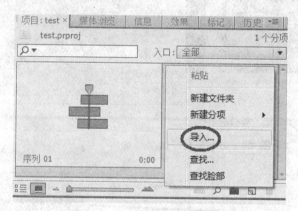

图 4-5　【项目】面板导入素材

弹出【导入】面板，选择文件路径，找到需要导入的素材等文件。素材文件导入之后，会在项目面板中出现相应的素材文件相关信息。

（2）将素材拖曳到【时间轴】面板。在【项目】面板中移动鼠标到到素材图标上，并单击鼠标左键，拖曳鼠标至时间轴相应轨道到上，如图 4-6 所示。

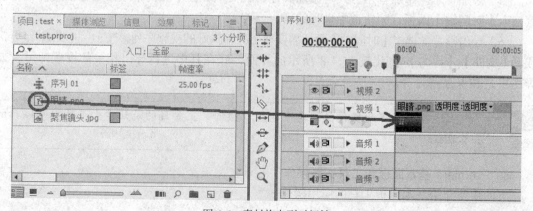

图 4-6　素材拖曳到时间轴

（3）在【时间轴】面板上进行编辑。视频编辑处理主要工作就是在【时间轴】面板中展开的。在【时间轴】面板上我们可以结合利用各类工具、菜单、其他面板等技术对各轨道上的各类素材进行适宜的编辑处理。

（4）添加转场与特效。在【效果】面板中有各种视频及音频的特效、切换等效果选项，通过图 4-7 所示鼠标左键拖曳所选效果选项，至【时间轴】轨道素材上，即可为素材添加了相应的效果特性，可单击添加效果所在位置，在【特效控制】面板中对效果特性可进一步设置调整。

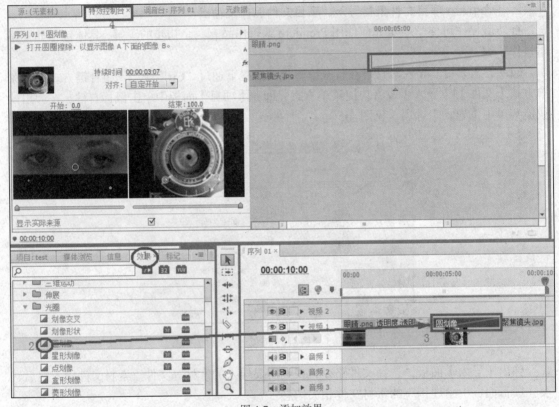

图 4-7　添加效果

（5）添加音乐。添加音乐方式与添加其他素材类似，在【项目】中导入音频文件，并将其拖入【时间轴】面板音频轨道中进行编辑。

（6）导出影片。选中【时间轴】面板需要导出的编辑好的视频序列，"Ctrl"＋"M"组合键或者【文件】|【导出】，则出现图 4-8 所示的界面，并在其中进行导出相关的设置即可，如导出格式和保存路径等。

提示

上述各个步骤的操作仅仅是一些基本操作，主要目的是让学生了解视频编辑的基本流程。

3. Premiere 基本面板和工具实践操作

下面主要介绍基本面板工具的应用操作。

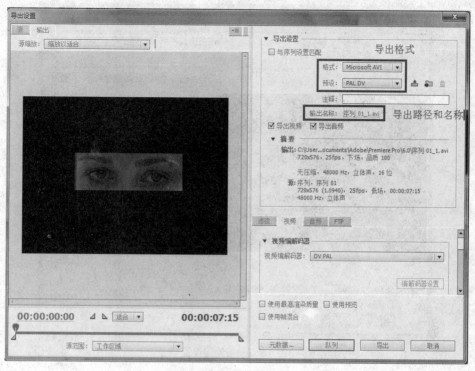

图 4-8 导出视频

（1）【项目】面板。

① 采集视音频素材。采集视频音频工作，主要是从外部设备中获取素材。一般说来，采集方式主要有两种，一种是通过计算机的 IEEE 1394/Firewire 端口进行采集，可以使操作系统接受数字摄像机上的数据；另一种是模数采集板，大部分个人计算机需要另外配备采集板。

在确保硬件设备满足要求之后，使数字摄像机或数字录像机与计算机平台相连，之后才能通过 IEEE 1394/Firewire 端口、复合视音频线或者 S-Video 传输数据。另外，采集之前要先进行相关属性的设置，按 "F5" 快捷键或者【文件】|【采集】，即可出现图 4-9 所示的采集面板。

完成以上的工作之后，就可以开始进行采集。如果硬件支持设备控制，可以使用 Premiere 遥控数字摄像机或录像机对视音频进行播放、停止、前进、后退等操作，【采集】面板中设备控制按钮及其功能如图所示。

② 导入和新建素材。导入素材是将计算机内部存储的素材导入项目中；新建分项是基于 Premiere 软件创建并在项目中生成新序列、调整图层、字幕、色条和色调、黑色视频、颜色遮罩、倒计时和透明视频等素材的。

③ 管理素材。采集与导入素材后，素材便出现在【项目】面板中。【项目】面板会列出每一个素材的基本信息。可以对素材进行管理和查看，并根据实际需要对素材进行分类，以方便下一步的操作。在 Premiere 的【项目】面板中可以对素材进行复制、剪切、粘贴、重命名等操作，可以建立素材文件夹，对项目中的内容分类管理。分类的方法一般有两种，一种是按照素材的内容分类；一种是按照素材的类型分类。另外，在 Premiere 中，可以将【项目】面板的剪辑缩略图作为故事板，是一种以照片或手绘的方式形象地说明情节发展和故事概貌的分镜头画面组合，协助编辑者完成粗编。通过 Premiere 可以直接访问 Adobe Bridge。在 Adobe Bridge 中进行文件的管理、组织和预览等工作。

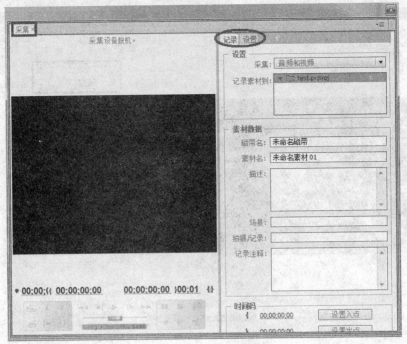

图 4-9　采集界面设置

　　（2）【素材监视器】面板。【素材源】监视器（见图 4-10）除了查看素材情况外，还可以进行编辑工作，上方的视频显示区域是显示各种素材的地方，下方的控制器区域可以对素材进行选择和浏览剪辑、设置剪辑的入点和出点、插入编辑和覆盖编辑等操作，减少后续编辑工作的麻烦。

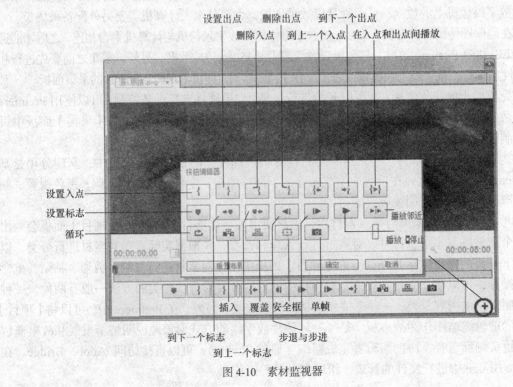

图 4-10　素材监视器

（3）在【时间轴】面板中进行编辑。【时间轴】面板（见图 4-11）是非线性编辑的核心面板。在【时间轴】面板中，从上到下按顺序排列的视频、音频轨道及其剪辑，将最终渲染成为影片。视频、音频剪辑的大部分编辑合成工作和特效制作都要在该面板中完成。

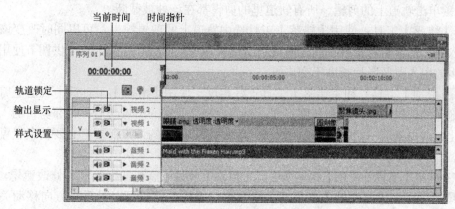

图 4-11　时间轴面板

（4）编辑工具介绍。在【工具】面板中，集中了用于编辑剪辑的所有工具。要使用其中的某个工具时，在【工具】面板中单击将其选中，移动鼠标指针到【时间轴】面板该工具上方，鼠标指针会变为该工具的形状，并在工作区下方的提示栏显示相应的编辑功能（见图 4-12）。

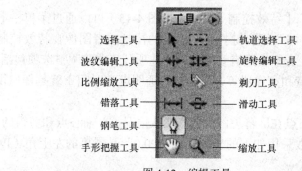

图 4-12　编辑工具

①【选择】工具：使用【选择】工具可以选中轨道上的一段剪辑，并可以拖曳一段剪辑的左右边界，改变入点或出点。按"Shift"键，通过【选择】工具可以选中轨道上的多个剪辑。

②【轨道选择】工具：使用【轨道选择】工具单击轨道上的剪辑，被单击的剪辑及其右边的所有剪辑全部被选中。按"Shift"键单击轨道上的剪辑，所有轨道上单击处右边的剪辑都被选中。

③【波纹编辑】工具：使用【波纹编辑】工具拖曳一段剪辑的左右边界时，可以改变该剪辑的入点或出点。相邻的剪辑随之调整在时间轴的位置，入点和出点不受影响。使用【波纹编辑】工具调整之后，影片的总时间长度发生变化。

④【旋转编辑】工具：与【波纹编辑】工具不同，使用【旋转编辑】工具拖曳一段剪辑的左右边界，改变入点或出点时，相邻素材的出点或入点也相应改变，影片的总长度不变。

⑤ 【比例缩放】工具：使用【比例缩放】工具拖曳一段剪辑的左右边界，该剪辑的入点和出点不发生变化，而该剪辑的速度将会加快或减慢。

⑥ 【剃刀】工具：使用【剃刀】工具单击轨道上的剪辑，该剪辑在单击处被截断。按"Shift"键单击轨道上的剪辑，所有轨道里的剪辑都在该处被截断。

⑦ 【错落】工具：使用【错落】工具选中轨道上的剪辑拖曳，可以同时改变该剪辑的出点和入点，而剪辑总长度不变，前提是出点后和入点前有必要的余量可供调节使用。同时相邻剪辑的出入点及影片长度不变。

⑧ 【滑动】工具：和【错落】工具正好相反，使用【滑动】工具选中轨道上剪辑并拖曳，被拖曳的剪辑的出入点和长度不变，而前一相邻剪辑的出点与后一相邻剪辑的入点随之发生变化，前提是前一相邻剪辑的出点后与后一相邻剪辑的入点前要有必要的余量可以供调节使用。

⑨ 【钢笔】工具：使用【钢笔】工具可以在【节目】监视器中绘制和修改遮罩。用【钢笔】工具还可以在【时间轴】面板对关键帧进行操作，但只可以沿垂直方向移动关键帧的位置。

⑩ 【手形把握】工具：使用【手形把握】工具可以拖曳【时间轴】面板的显示区域，轨道上的剪辑不会发生任何改变。

⑪ 【缩放】工具：使用【缩放】工具在【时间轴】面板中单击，时间标尺将放大并扩展视图。按"Alt"键的同时使用【缩放】工具在【时间轴】面板中单击，时间标尺将缩小并缩小视图。

（5）【特效控制】面板。【特效控制】面板（见图4-13）可以通过菜单栏【窗口】|【特效控制】或者用 "Shift"＋"5"组合键打开。一般的视频或者图像在特效控制面板中都有基本的视频效果、音频效果（音频轨道有音频文件）选项，其中的调整选项包括运动、透明度、时间重置、音量、声道音量和声像器等，而运动、透明度和时间重置是任何视频剪辑共有的固定特效。

① 【位置】：剪辑轴心点在屏幕上的位置。默认情况下，轴心点和剪辑的几何中心重合，位于屏幕的中心。位置参数采用如下的坐标系统："0,0"是屏幕的左上角（PAL制式）或者屏幕的右下角（NTSC制式）。

② 【比例】：以轴心点为基准，对剪辑进行缩放控制，改变剪辑的大小。如果取消勾选【等比】复选框，可以分别改变剪辑的高度和宽度

③ 【旋转】【定位点】等选项也都可以修改选项数字或者用鼠标左右滑动进行调整，也可以在节目监视器中直接拖曳剪辑进行操作，如移动剪辑的位置、改变剪辑的尺寸和添加旋转和修改锚点等。

而通过【效果】面板中选择视频切换，还可以为视频间添加、替换及删除转场特效，对剪辑应用视频切换特效后，特效的属性及参数都将显示在【特效控制】面板中。双击视频轨道上的转场特效矩形框，调出【特效控制】面板。单击面板右上角的按钮 ，打开时间轴区域（见图4-14）。

① 按钮 ▶ ：单击此按钮，可以在缩略图视窗中预览切换效果。对于某些有方向性的切换，可以单击缩略图视窗边缘的箭头改变切换方向。

② 【持续时间】：在该栏中拖曳鼠标，可以延长或缩短转场的持续时间，也可以双击鼠标左键，在文本框中直接输入数值，做精细调节。

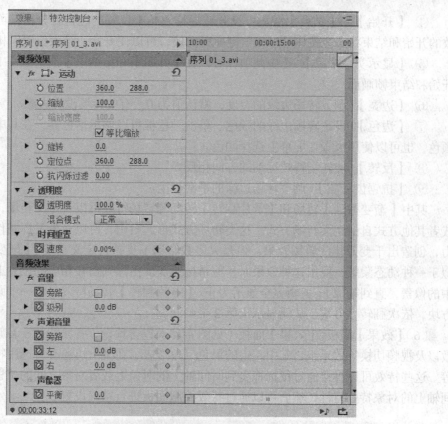

图 4-13　基本特效控制选项

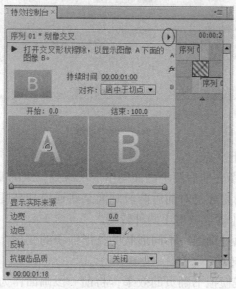

图 4-14　视频特效

　　③【校准】：可在该项的下拉列表中选择对齐方式，包括【居中于切点】【开始于切点】【结束于切点】【自定义开始】4 项。【自定义开始】在默认情况下不可用，当在【时间轴】面板或者时间轴区域直接拖曳转场特效，将其放到一个新的位置，校准自动设定为"自定义开始"。

④ 【开始】和【结束】滑块：设置转场特效始末位置的进程百分比，可以单独移动特效的开始和结束状态。按住"Shift"键拖曳滑块，可以使开始、结束位置以相同数值变化。

⑤ 【显示实际来源】：选中此项，可以在【开始】和【结束】预览窗口中显示剪辑转场开始和结束帧画面。

⑥ 【边宽】：调节转场边缘的宽度，默认值为0。有些转场没有边缘。

⑦ 【边色】：设定转场边缘的颜色。单击颜色框可以调出拾色器，在其中选择所需要的颜色，也可以使用吸管在屏幕上选择颜色。

⑧ 【反转】：使转场特效运动的方向相反。

⑨ 【抗锯齿品质】：调节转场边缘的平滑程度。

其中【渐变擦除】转场和【卡片翻转】转场等转场特效可以自定义转场，通过使用图片或者其他方式自由定义转场方式。这类转场方式形式自由，可以充分发挥制作者自己的想象力，创造出千变万化的转场效果，但是大多数转场不支持自定义功能。【渐变擦除】转场类似于一种动态蒙版，使用这种效果时，剪辑按照灰度由黑到白在相应的位置上取代另一剪辑中的像素，直到第2个剪辑完全显示为止。【卡片翻转】转场特效是将一个画面分成多个小方块，依次翻转小方块，从而显示出第2个画面。

（6）【效果】面板。【效果】面板（见图4-15）包含预设、音频特效、音频过渡、视频特效以及视频切换等效果组，其中左边的黑色三角形表示在其下边还有可选用特效组或者特效等。这些特效可以直接通过鼠标拖曳到时间轴上的对象上或者对象之间的位置，即能赋予时间轴上的对象特效特性，然后可以通过特效控制面板进行精确设置。

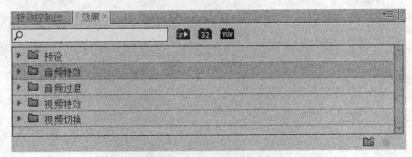

图 4-15　效果面板

其中视频特效包括以下9点。

① 【三维运动】类转场在前后两个画面间生成二维到三维的变化，包含10种转场特效。

② 【映射】类转场则是通过对前后两段画面某些通道和亮度信息的叠加实现画面的转场，包括【亮度映射】和【通道映射】两种转场。

③ 【光圈】类转场通过画面中不同形状的孔形面积的变化，实现前后两段画面直接交替切换，包含7种不同的转场。

④ 【卷页】类转场是模拟书翻页的效果，将前一段画面作为翻去的一页，从而显露后一段画面，包含5种不同的转场。

⑤ 【叠化】类转场主要通过画面的溶解消失，实现画面的过渡，包含7种不同的转场。

⑥ 【伸展】类转场主要通过画面的伸缩来转换场景，其中包括4种不同的转场效果。

⑦ 【擦除】类转场主要通过各种形状和方式的擦除，实现画面的过渡转场。该类视频转场是 Premiere 中包含种类最多的一类，其中包括17种不同的转场。

⑧ 【特殊效果】类转场主要包括一些特殊效果的转场，有 3 种不同的特效。

⑨ 【缩放】类转场主要是通过对前后画面进行放缩来进行转场，包括 4 种不同的效果。

（7）【修整】监视器。在相邻两个镜头进行组接时，编辑点的选择十分重要。将编辑好的视频剪辑在【时间轴】面板中排列好后，常常需要检查两段剪辑之间是否衔接合适，这就需要浏览上一个剪辑的出点与下一个剪辑的入点，将二者对比之后进行细致调整。使用【修整】监视器可以解决这个问题（见图 4-16）。

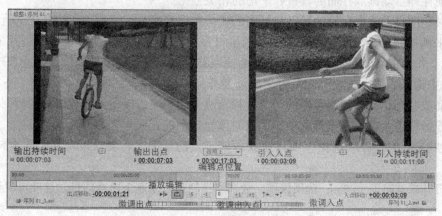

图 4-16 【修整】监视器

（8）【调音台】面板。【调音台】面板模拟传统的调音台，其每个音频轨道与时间轴面板音频轨道一一对应，并能进行单独的控制，可以一边听着声音，看着轨道，一边调节音频的电平、声像和平衡；还可以对调节过程进行自动记录，还可以录制音频，甚至可以在播放其他音频轨道中声音的同时，单独倾听一个独奏音轨的声音。其界面如图 4-17 所示。

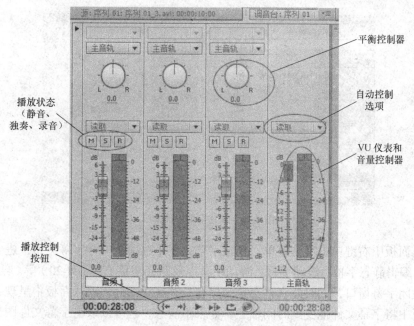

图 4-17 调音台面板

① 自动控制选项：该自动控制选项中包含 5 种类型，各具体含义如下。

● 读取即自动读取选项，自动读取存储的音量和平衡的相关数据，并在重新播放时使用这些数据进行控制。

● 写入即自动写选项，自动读取存储的音量和平衡的相关数据，并能记录音频素材在音频混合器中的所有操作步骤。

● 关闭即关闭选项，在重新播放素材时忽略音量和平衡的相关设置。

● 锁存即自动读取存储的音量和平衡的相关数据。

● 触动即自动读取存储的音量和平衡的相关数据并能对音量和平衡的变化进行纠正。

② 平衡控制器：用于把单声道的音频素材在左右声道进行切换，也可以将其平衡为立体声音频。每个混音轨迹上包括了一个平衡控制器，可以直接拖曳平衡按钮，或在按钮下方的文本框中输入数值后按"Enter"键完成设置。

③ 播放状态：在音频混音器的每个音频轨迹上用相应的按钮来代替播放音频时的状态。

● 静音轨道（ M ）：选择此项，播放时该轨迹上的音频素材为静音状态。

● 独奏轨道（ S ）：选择该项只播放该轨迹上的音频，其余音频轨迹上的素材为静音状态。

● 打开录音轨道（ R ）：选项该项，会在所选轨道上录制下声音信息，这样可以进行后期配音。

④ 播放控制：在调音台面板窗口底部有一排控制播放的按钮，其用法与监视器窗口中对应的按钮相同。其中 最后一个圆形按钮为录制，即可以激活序列录音。

（9）创建字幕。在 Premiere 中文字和图形的创建工作是在字幕设计窗口中完成的，可以执行菜单栏【字幕】|【新建】，或者在项目面板中新建分项按钮，执行【字幕】命令（见图 4-18），然后在打开的新建字幕窗口中为字幕填写名称等项，按【确定】按钮即可（见图 4-19）。

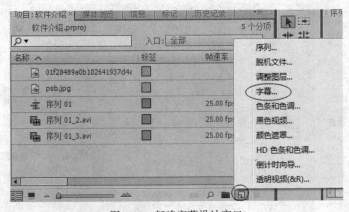

图 4-18　新建字幕设计窗口

在项目面板中右键单击字幕菜单，新建字幕，在【选项】选择字幕类型，进入字幕设计窗口，可以编辑静态字幕、滚动字幕、游动字幕以及路径字幕（见图 4-20）等。绘制完成后，可以直接关闭字幕窗口，同时此字幕会自动保存，并在 Premier 项目面板中呈现，可以直接从项目面板中将字幕文件拖曳到时间轴上，如果不满意，也可以双击字幕文件图标，再次进入字幕窗口编辑。

图 4-19 新建字幕

图 4-20 字幕设计窗口

4. Premiere 基本功能实践操作

Premier 软件主要功能操作除了上述基本编辑流程、基本面板和工具编辑应用手段外，还需要掌握视频、音频和字幕等的编辑及合成技巧，方可实现预期的视频编辑效果。因此，这里首先介绍一些基本视频编辑技巧。

（1）转场特效的合成应用。利用特效进行转场即利用特效将前后两个画面连接起来，使观众明确意识到前后画面间、前后段落间的隔离转换，可以避免镜头变化带来的跳动感，并且能够产生一些直接切换不能产生的视觉及心理效果。使用特效转场应注意以下原则。

其一，利用特效进行转场应具有较好的连接性，技巧形式应该与上下画面内容相互融合，形成一个有机的整体，如从一个镜头切换到另一个镜头，使用【叠化】特效转换镜头，柔和的过渡形式与抒情的表现内容有机地统一起来，可得到自然平滑的视觉心理效果。

其二，使用转场特效要有节制。过多地使用技巧进行转场，容易造成作品结构的松散，使人感觉作品过于零碎，并且由于人为痕迹过于明显，会影响作品的真实性。

（2）控制音影同步。音影同步指的是音乐、音效与影片表现的气氛、情绪的一致性。

在时间轴上的视音频素材，如果解除绑定，可以用鼠标右键单击相应素材，在弹出的快捷菜单中选择【解除视音频链接】命令即可；如果要绑定视音频位置，则需选中视频和音频，然后单击鼠标右键，在弹出的快捷菜单中选择【链接视频和音频】命令即可；如果创建 5.1

环绕声，即在创建项目时需要将主音轨设置为 5.1 声道模式，并根据使用的声道数目设置其他声道。

（3）嵌套序列。每个序列可以编辑不同的剪辑内容，互不影响。一个序列也可以像素材一样，用鼠标拖曳到其他序列中，实现序列的嵌套。在制作较大、较为复杂的影片时，可以将整个影片按照剧本分为几个大的段落，每个段落在不同的序列中进行编辑，最后通过嵌套序列将各个段落组合到一个总的序列中。在以下情况下也会用到嵌套序列的方法。

① 把一种或多种特效应用到该序列的所有剪辑中。

② 通过多个序列来组织和简化操作，避免编辑中的冲突和误操作。

③ 对一个序列中所有剪辑创建画中画效果。

④ 重复使用同一个序列的内容，可以将该序列多次嵌套入其他序列中。

⑤ 创建多摄像机模式，可以通过序列嵌套来实现。

（4）学会三点编辑和四点编辑。三点编辑和四点编辑是在专业视频编辑工作中常用的编辑技巧，可以在【时间轴】面板已有剪辑上插入或覆盖另一段剪辑，使用时需要在【素材源】监视器和【节目】监视器中同时设置入点或出点，然后指定要插入或覆盖的剪辑片段和时间轴上的位置。

三点、四点是指入点和出点的个数。如果在【素材源】监视器和【节目】监视器同时设置了入点和出点，即有了 4 个编辑点，就是四点编辑；如果只设置两个入点一个出点，或者一个入点两个出点，那么就是三点编辑。通常来讲，三点编辑比四点编辑应用广泛。

三点编辑在使用中一般有两种情况，第 1 种是在【素材源】监视器中只设置入点，在【节目】监视器中设置入点与出点，第 2 种是在【素材源】监视器中设置入点与出点，在【节目】监视器中只设置入点。

而在四点编辑中，我们需分别对【素材源】监视器和【时间轴】面板（即【节目】监视器）设置素材的入、出点。这里需注意：【素材源】监视器和【时间轴】面板（即【节目】监视器）间的持续时间匹配一致的问题。

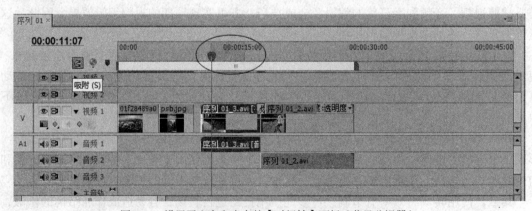

图 4-21　设置了入点和出点的【时间轴】面板（节目监视器）

下面通过实例来介绍第 1 种情况。

首先，在时间轴上选择视频轨道（此处为视频 1），然后在节目监视器面板适当位置选择好需要插入素材的入点和出点，此时在时间轴上也可以查看到入点和出点概括的区域。

然后，在素材监视器中选择适当的入点，如图 4-22 所示。选择素材监视器面板中插入按

钮  ，即可将对象插入到时间轴相应的位置。

图 4-22　设置了入点的【素材源】监视器

其他三点和四点编辑方法与上面示例类似，关键点就是要知道素材之间逻辑链接关系，注意插入时间点和素材长度的选择。

（5）画中画。画中画即是视频界面中出现新的视频界面，两个或多个视频同时在播放。基本操作步骤如下。

① 先按照【项目文件】创建方式创建新项目，命名为"画中画.prproj"（见图 4-23）。

② 导入两个视频素材到项目面板中，如图 4-24 所示。

图 4-23　画中画项目

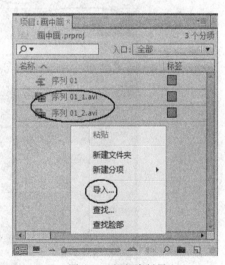

图 4-24　视频素材导入

③ 将素材拖曳到时间轴面板中，调整为图 4-25 所示轨道位置，即两个视频素材并列放置在视频轨道 1 和视频轨道 2 上。

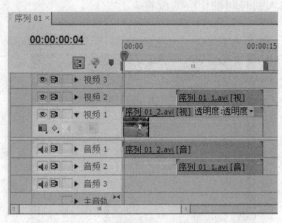

图 4-25　时间轴上的视频素材

 　两个素材先后拖放到时间轴上，如果一起拖曳，两个素材就会自然放置在一个视频轨道上（各自的音频也是会在一个音频轨道上）；如果视音频是链接锁定的关系，这里可以通过选中相应视频素材，单击鼠标右键出现快捷菜单或者菜单栏【素材】|【解除视音频链接】命令来解除视音频链接，然后才可以单独选中时间轴的音频素材，再删除相应的音频。

④ 单击轨道 2 上的视频素材，并打开特效控制台面板，即显示出特效控制台上的视频。轨道 2 上的素材相关信息，如图 4-26 所示。

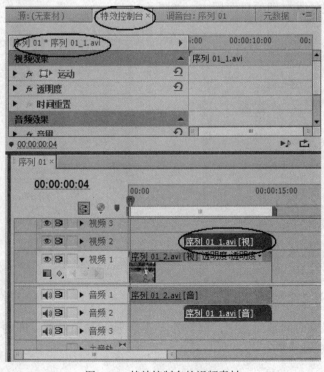

图 4-26　特效控制台的视频素材

⑤ 在特效控制台面板中，单击【视频效果】下的【运动】前面的黑色小三角形，打开运动相关属性的设置项目，如图 4-27 所示。

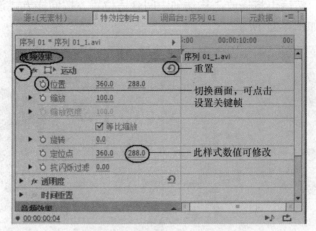

图 4-27 视频效果运行属性项目

⑥ 将播放头调整到视频素材开始位置，单击缩放前面的小三角形，并按下画面切换按钮，此时在右边出现菱形（即【添加/移除关键帧】按钮），并在控制台的时间轴播放头位置也出现菱形关键帧，关键帧的缩放属性值为 100.0，如图 4-28 所示。

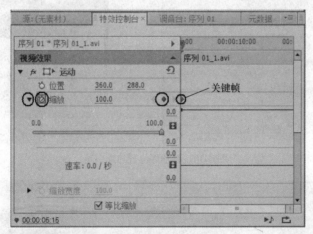

图 4-28 素材关键帧设置

提示

设置关键帧可以按【添加/移除关键帧】按钮，或者直接调整缩放数值，即可自动设置关键帧。

⑦ 将缩放数值调整为合适数值，这里直接设置为 30.0，（提示：这里有多种方式调整，如在数值位置左右拖曳鼠标，或者调整下方滑块，或者双击节目监视器素材，出现素材控制柄，再用鼠标调整），如图 4-29 所示。

⑧ 调整缩放之后的素材位置，按缩放方式类似的方式来设置，在【位置】属性中单击【切换画面】按钮，设置关键帧，并调整其后的纵横坐标数值，或者直接双击节目监视器素材，并拖放到合适位置即可，这里放置在界面的右上角位置，如图 4-30 所示。

⑨ 设置视频移动路径，即视频素材在界面中随时间移动位置。将播放头移动到最后一帧，然后单击【添加/移除关键帧】按钮添加关键帧，这样此处关键帧的属性值与开头关键帧的属性值是一样的，然后再将播放头移动到中间合适位置，按同样方式设置关键帧，并调整好位置的属性值，如图 4-31 所示。

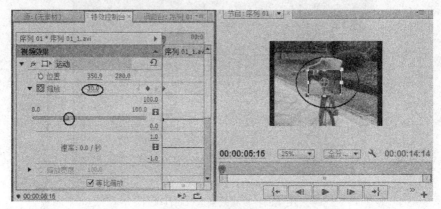

图 4-29　调整缩放数值

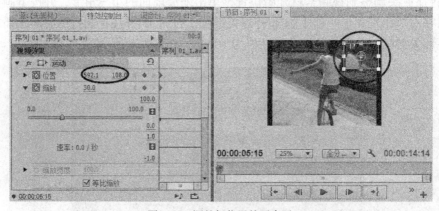

图 4-30　调整好位置的画中画

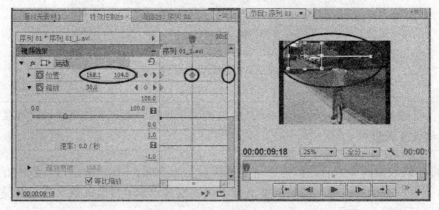

图 4-31　设置视频移动路径

提示

　　　　此处路径也可以在调整好播放头之后，在节目监视器中直接拖曳素材到合适位置，即可设置好视频运动路径。

⑩ 保存好项目文件。

（6）创建特殊剪辑。创建特殊剪辑包括倒计时片头、色条和音调、黑场视频、颜色遮罩、透明视频等剪辑。下面以倒计时片头为例讲解操作步骤。

倒计时片头一般可用于帮助电视播放员确认音频和视频工作正常且同步，这里创建和自定义倒计时片头，以添加到项目开头。片头时长为 11 秒。

① 在【项目】面板底部，单击"新建分项"按钮 🖵，或者在【项目】面板空白之处单击右键在出现的快捷菜单中选择"倒计时向导"（见图 4-32）。

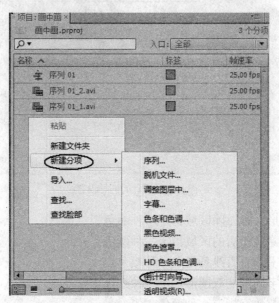

图 4-32　选择倒计时

② 在【新建通用倒计时片头】对话框中，设置"宽度""高度""时基""像素长宽比"和"采样率"，以匹配要在其中使用倒计时片头的序列的相同设置，单击"确定"按钮（见图 4-33）。

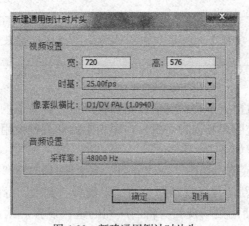

图 4-33　新建通用倒计时片头

③ 在【倒计时向导设置】对话框中（见图 4-34），根据需要指定下列选项。

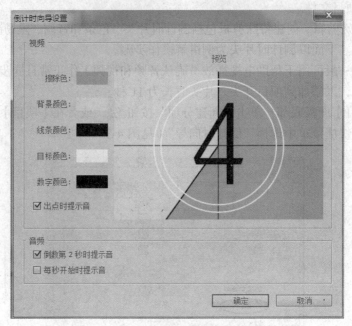

图 4-34　倒计时向导设置

【擦除颜色】为圆形一秒擦除区域指定一种颜色。

【背景颜色】为擦除颜色后的区域指定一种颜色。

【线条颜色】为水平和垂直线条指定一种颜色。

【目标颜色】为数字周围的双圆形指定一种颜色。

【数字颜色】为倒数数字指定一种颜色。

【出点时提示音】即在片头的最后一帧中显示提示圈。

【倒数第 2 秒时提示音】在两秒标记处播放提示音。

【每秒开始时提示音】在片头期间每秒开始时播放提示音。

④ 单击"确定"按钮，即会在项目面板中生成了一个倒计时向导视频素材。

可通过在【项目】面板中双击倒计时向导视频素材来自定义该素材。

下面创建黑场视频。

如果在基本的视频轨道上不存在其他可见剪辑区域，则轨道的空白区域将显示为黑色。如果需要，也可创建不透明黑场视频剪辑，在序列中的任意处使用。黑场视频剪辑的表现与静止图像相同。基本步骤如下。

- 在【项目】面板底部，单击"新建分项"按钮 🔲 并选择"黑场视频"。

- 如果需要，在"新建黑场视频"对话框中设置"宽度""高度""时基"和"像素长宽比"以匹配要在其中使用黑场视频剪辑的序列的这些设置。默认情况下，新剪辑的持续时间设置为 5 秒。

- 单击"确定"按钮即会在项目面板中生成了一个黑场视频素材。

- 将黑场视频素材拖曳到时间轴面板，可进行各类视频编辑操作加工。

可在"首选项"对话框的"常规"窗格中更改黑场视频剪辑和其他静止图像剪辑的默认持续时间。如果要创建不同颜色的剪辑，可使用颜色遮罩，基本操作方法与创建黑场视频类似。

4.2.5 复习思考题

（1）如何实现在 Premier 软件中实现一段视频剪辑倒放的效果？

（2）如何在 Premier 软件中对一段音频制作回声？

（3）如何进行四点编辑

（4）在画中画中，如何设置选择的素材？

（5）结合自身工作学习生活的实际需求，创作一段包含音频、视频和字幕等元素的作品。

（6）撰写符合实验内容要求的实验报告：

① 总结并描述出实验详细过程；

② 指出实验过程中遇到的问题及解决方法；

③ 对于上述思考题有一些基本的分析和思考，归纳提炼出相关结论。

4.3 本章实验内容小结

（1）视频基础知识部分：视频概念含义、视频类型格式、视频编辑类型与特点、非线性视频编辑、视频编辑基本技巧等。

（2）视频加工处理软件 Premiere 部分：Premiere 项目文件创建（包括项目欢迎界面认识、项目设置菜单、项目位置和名称等）、实际操作界面认识、工作区定制、首选项设置；项目文件处理基本流程包括素材导入、素材到时间轴、时间轴上编辑、添加转场特效、添加音乐、导出保存及输出影片等基本操作；基本面板和工具实践操作包括项目面板的采集视音频素材、导入和新建素材、管理素材等、素材监视器面板、时间轴面板、编辑工具面板、特效控制面板、效果面板、修整监视器、调音台面板、创建字幕窗口等；基本功能实践操作（包括转场特效合成应用问题、控制音影同步、嵌套序列、三点四点编辑、画中画、创建特殊剪辑等）。

第5章
动画制作

动画制作主要是在前期动画分析设计的基础上利用多媒体技术手段技巧和计算机软件工具绘制和加工处理合成多媒体素材，生成动态的图形图像文件。

【内容提示】

本章推荐两个动画制作实验项目，包含两个实验项目——动画基础知识实验项目和动画制作实验项目。

动画基础知识实验项目主要介绍动画基本概念、动画类型、动画文件格式、动画软件工具以及动画制作过程等，引导学生在观看各类动画过程中加深对动画相关知识及其应用的理解，强化学生主动利用动画相关知识思考动画制作过程涉及到的分析设计以及制作逻辑步骤的意识。

动画制作实验项目主要是介绍 Flash 软件的基本操作。作为可用于动画绘制和编辑处理合成的重要工具，本实验项目包括了 Flash 软件界面、Flash 动画项目文件制作基本流程、Flash 软件实践操作包括以工具面板、时间轴以及动作面板等为主要内容的实践操作知识，可使得学生初步具备动画绘制加工合成的操作应用能力。

5.1 动画基础知识实验项目

5.1.1 基本概念

动画是一种综合艺术，集合了绘画、漫画、电影、数字媒体、摄影、音乐、文学等众多艺术门类于一身的艺术表现形式，是根据人眼"视觉暂留"的原理，由人工或计算机产生的每帧图像，按一定的帧速顺序地播放产生运动效果。

动画具有不同分类形式，按工艺技术分为平面手绘动画、立体拍摄动画、虚拟生成动画、真人结合动画；按传播媒介分为影院动画、电视动画、广告动画、科教动画；按动画性质分为：帧动画和矢量动画等；按动画呈现形式分为二维动画、三维动画以及定格动画等。如此丰富的动画形式体现出了动画制作所具有的广泛包容性特点，须应用诸多科学技术、美学艺术和哲理等理论实践知识。

动画文件的格式包括 FLA、SWF、EXE 格式、GIF 格式以及 3DS 格式等，其中 FLA、SWF、EXE 格式是 Flash 动画软件的一种特色的文件输出格式，属于矢量动画格式，文件所占用的存储空间较小，较适于网络发布，而 GIF 格式也可用作动态图片格式，即 GIF89a 格式，大部分图形图像处理软件和动画软件都可以输出为 GIF 格式的文件。当然，动画与视频类型的多媒体技术文件都是动态图像文件，大量动画文件格式也是以视频文件格式出现并被广泛采用，如 AVI 格式等。

常见动画制作工具主要是各类动画制作软件，具备大量的编辑工具和效果工具，用来绘制和加工动画素材。不同的动画制作软件用于制作不同形式的动画，如 Flash、Morph 等软件主要用于制作平面动画，如网页动画和变形动画等；而 3D Studio MAX、Maya 和 Cool 3D 等软件主要用于制作三维动画，如三维造型动画、特技三维动画和文字三维动画等，还有其他一些特效动画制作软件工具。

动画制作过程一般包含前期规划、中期设计以及后期剪辑合成等阶段，涵盖剧本作品设定、分镜、原画、中间画、动画、上色、摄影、配音、录音、剪辑、特效、字幕、合成以及试映等动画制作过程，涉及各类动画创作人员包括导演、人物造型设计师、分镜图人员、主镜动画师、基层动画师、音乐设计、色稿人员、编辑人员、包装设计人员等的协同工作以及各类制作工具的综合应用。

5.1.2　实验目的

（1）收集各类动画格式的文件信息，了解动画文件的类型及其特点。
（2）了解动画软件类型特点，分析动画制作及其技术发展趋势。

5.1.3　实验内容

为实现本实验目的，在已有的条件下，本实验内容包括动画文件的收集获取、打开浏览、查看整理动画信息、比较动画文件特征信息、评判动画美学效果以及设计具有一定美学意义和使用价值的动画文件方案，最终规范实验报告。

5.1.4　实验步骤

（1）学习理会动画的基本概念，包括动画的基本定义、基本特征、基本格式等；此步骤可以通过查阅相关教材和搜索网络资源，进一步明确动画的基本概念。
（2）获取动画文件：此步骤让学生学会利用网络资源，即时获取保存各类动画文件。
（3）打开浏览动画文件：利用计算机系统中各类动画视频浏览软件，打开动画，或进行交互操作；此步骤可让学生在指导老师的指导下选择安装不同类型的软件打开动画，体验不同的动画效果。
（4）查看整理动画文件信息：查看动画文件基本的信息特征，比如通过基本操作、观察，进一步了解并掌握动画的类型、格式、数据量大小等信息，以及动画演示过程中的交互等功能信息，并整理成表格。
（5）结合美学观念和美学设计知识分析评判这些动画的构图以及颜色匹配等美学效果；此步骤让学生掌握动画设计的美学基本知识，能对此类动画作出合理的评价。
（6）结合学习生活娱乐过程场景，选择实验主题，重新构思出动画场景的分析设计方案，形成规范的实验报告。

5.1.5　复习思考题

（1）总结身边常用的动画文件格式类型及其特点。

（2）常见的动画制作软件各自特色和优势体现在哪里？

（3）结合自身工作学习生活的实际需求，展开一段动画制作的创意分析设计。

（4）撰写符合实验内容要求的实验报告：

① 总结并描述出实验详细过程；

② 指出实验过程中遇到的问题及解决方法；

③ 对于上述思考题有一些基本的分析和思考，归纳提炼出相关结论。

5.2　动画制作实验项目

5.2.1　基本概念

Adobe Flash 是一个动画视频创作工具，设计人员和开发人员可使用它创建出简单的动画、视频内容、复杂的演示文稿、应用程序以及介于这些对象之间的任何事物，在其中可以加入图片、声音、视频和特殊效果，可创建出包含丰富媒体的应用程序，可制作出高品质的网页动态效果。其基本动画 SWF 格式文件相对很小，因为其大量使用了矢量图形，还支持源文件.fla 格式（只能用 Flash 软件打开编辑）、flv 流媒体格式视频格式以及 AS 脚本编程语言格式等。

5.2.2　实验目的

（1）了解 Flash 软件的特性，熟悉 Flash 软件的工作界面以及工具面板的基本操作。

（2）学会使用 Flash 软件的基本流程，包括文件创建、打开、素材导入以及动画的导出、发布等功能流程。

（3）学会使用 Flash 软件进行动画的绘制操作和添加代码实现动画的交互控制。

5.2.3　实验内容

本实验项目包括了 Flash 软件界面、Flash 动画项目文件制作基本流程以及 Flash 工具中各类工具面板、时间轴以及动作面板等为主要对象的实践应用操作。

5.2.4　实验步骤

单击【开始】按钮选择【程序】，然后选择 Adobe flash，打开 Flash 工作界面。最初的界面如图 5-1 所示。

根据制作内容的需要，我们可以选择【从模板创建】、【新建】或者【打开最近的项目】等快捷进入方式打开可编辑的用户界面。

1. Flash 界面认识

Flash 用户界面中有 5 个基本界面（见图 5-2），如舞台、时间轴、工具面板、属性面板和库面板等，所有界面都可以从 Flash 软件菜单栏中的【窗口】中单击显示或关闭，也可以保存符合个人习惯的工作区界面布局，还可以选择其他默认的工作区界面布局。

图 5-1 Flash 软件初始【欢迎屏幕】界面

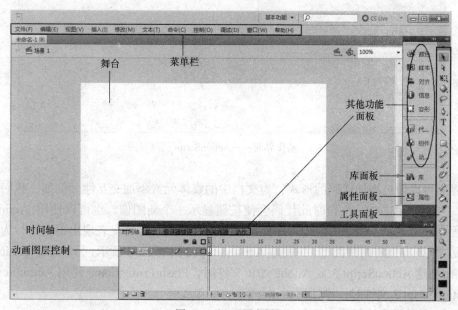

图 5-2 Flash 用户界面

（1）【舞台】。场景，是编辑和播放动画的矩形区域窗口，是所有动画元素的最大活动空间，在舞台上可以放置、编辑向量插图、文本框、按钮、导入的位图图形、视频剪辑等对象，可在绘制、编制或回放过程中显示出来。场景可以不止一个，要查看特定场景，可以选择【视图】|【转到】命令，再从其子菜单中选择场景的名称。

（2）【时间轴】。用于组织和控制文件内容在一定时间内播放。按照功能的不同，时间轴窗口分为左右两部分，分别为层控制区、时间轴控制区，以控制影片中的元素出现在舞台中的时间，也可以使用时间轴指定图形在舞台中的分层顺序，高层图形显示在低层图形上方。

（3）【工具面板】。包含一组常用工具，可使用它们选择舞台中的对象和绘制矢量图形。

（4）【属性面板】。显示有关任何选定对象的可编辑信息。使用【属性面板】，可以很容易地查看和更改正在使用的对象的属性，从而简化文档的创建过程。当选定单个对象时，如文本、组件、形状、位图、视频、组、帧等，【属性面板】可以显示相应的信息和设置。当选定了两个或多个不同类型的对象时，【属性面板】会显示选定对象的总数。

（5）【库面板】。用于存储和组织媒体元素和元件。

Flash 还包含许多令它既强大又简单易用的功能界面，如预建的拖曳式用户界面组件、内建动画效果（可用于为时间轴上的元素制作动画）以及可添加到媒体对象的特殊效果。其中有一类特殊的界面，即动作面板中编写 ActionScript 代码（见图 5-3）。

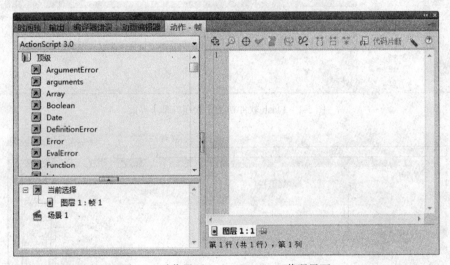

图 5-3   动作界面——ActionScript 代码界面

此界面可以通过添加代码的形式，为文档中的媒体元素添加交互性。例如，我们可以添加代码，当用户单击某个按钮时此代码会使按钮显示一个新图像，也可以使用 ActionScript 为应用程序添加逻辑，使您的应用程序能根据用户操作或其他情况表现出不同的行为。需要注意的是，代码界面有两种类型，一种是 ActionScript 3，如图 5-3 所示；另一种是 ActionScript 1 和 2；而创建 ActionScript 3 或 Adobe AIR 文件时，Flash Professional 使用 ActionScript 3，创建 ActionScript 2 文件时，则使用 ActionScript 1 和 2。

2. Flash 项目文件创建、保存打开及导出发布

动画项目文件在 Flash Professional CS 中构建，基本过程是打开或新建项目界面，此时默认为 FLA 文件（FLA 文件的文件扩展名为 ".fla"）。在【舞台】处使用绘制工具创建矢量图形并设计元素，然后将音频、视频和图像等其他媒体元素导入文档中，定义如何及何时使用各个元素创建创意设计中实现预定目标功能的应用程序，然后保存或者导出发布即可。

（1）创建一个简单的 FLA 文件。第一步是新建一个文档。

① 选择【文件】|【新建】。

② 在【新建文档】对话框中，默认选择文件类型 ActionScript 3.0。如果未选中 ActionScript 3.0，则可选中它，单击"确定"按钮。这将创建基于 ActionScript 3.0 的 flash 文件，扩展名为".fla"；而其他类型也可采取类似方式创建相应类型的文件，如选中"ActionScript 3.0 类"则创建 ActionScript 3.0 自定义 AS 文档，扩展名为".as"，而相关说明都会在右边描述文本框中显示出来（见图 5-4）。

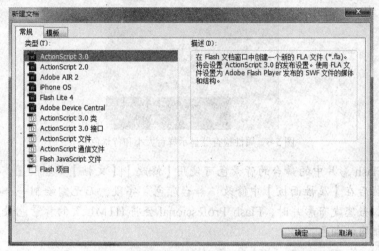

图 5-4 【新建文档】对话框显示 Flash Professional 文件类型

③ 单击屏幕右上角的基本功能或者菜单栏【窗口】|【工作区】，在出现的菜单选择【基本功能】，即出现 Flash Professional 中的面板布局（flash 用户界面）（见图 5-5）。

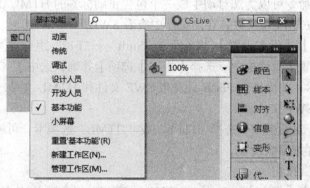

图 5-5 选择【基本功能】以显示教程所使用的工作区布局（用户界面）

④ 单击用户界面的【属性面板】，可查看编辑文件的舞台属性。

⑤ 在属性检查器中，默认情况下靠工作区右侧垂直放置，"大小"按钮显示当前舞台大小设置为 550 像素×400 像素，可修改其中的数值，从而调整舞台大小。背景色板默认设置为白色，单击色板并选择其他颜色，即可更改舞台颜色，如图 5-6 所示。

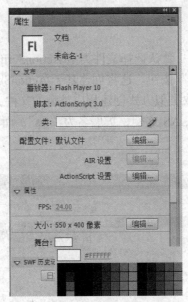

图 5-6　属性检查器显示舞台大小和背景色

Flash 影片中的舞台的背景色可使用【修改】|【文档】命令设置，也可以选择舞台，然后在【属性面板】中修改"舞台颜色"字段，而无需绘制一个包含背景色的矩形。当您发布影片时，Flash Professional 会将 HTML 页的背景色设置为与舞台背景色相同的颜色。

（2）选择【文件】|【保存】。在硬盘上为文件选择一个文件保存位置，将文件命名为"未命名-1.fla"（具体名称可以自己拟定，文件扩展名默认为.fla），然后单击"保存"按钮。

（3）发布文件。完成 FLA 文件后即可发布它，以便通过浏览器查看它。发布文件时，Flash Professional 会将它压缩为 SWF 文件格式（或者其他类型）。SWF 文件格式是放入网页中的格式。"发布"命令可以为您自动生成一个包含正确标签的 HTML 文件。

以下说明如何发布 FLA 文件并在浏览器中查看 SWF。

① 选择【文件】|【发布设置】（"Ctrl" + "Shift" + "F12"组合键）

② 在【发布设置】对话框中，选择【格式】选项卡并确认选中了"Flash"和"HTML"选项，如图 5-7 所示。此操作使 Flash 只发布 SWF 文件和 HTML 文件。HTML 文件用于在 Web 浏览器中显示 SWF 文件。

在【发布设置】对话框中，选择"Flash"或"HTML"选项卡，可根据创意设计需要在相应选项卡中进行详细参数设置。

③ 单击"确定"按钮。

④ 选择【文件】|【发布】（"Alt" + "Shift" + "F12"组合键），从 Flash 导出 Web 文件。

⑤ 打开 Web 浏览器，选择【文件】|【打开】。导航到保存 FLA 文件的文件夹，可以找到文件未命名-1.swf 和未命名-1.html。选择名为未命名-1.html 的文件，可单击"打开"按钮，此时在浏览器窗口中可显示应用程序。

（4）作品的导出。利用 Flash 导出命令，可以将作品导出为影片或图像，即可以将整个影片导出为 Flash 影片、一系列位图图像、单一的帧或图像文件及不同格式的活动、静止图像等。

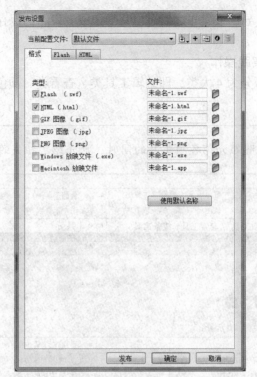

图 5-7　【格式】选项

　　【导出图像】命令：将导出一个只包含当前帧内容的单个或序列图像文件。

　　【导出影片】命令：将作品导出为完整的动画或图像序列。

　　【实例】：选择 Flash 动画源文件，即将"未命名-1.fla"源文件打开并导出为一个图像文件或者导出为一个影片文件。

　　步骤提示：

　　① 首先创建或者打开已经存储好的动画源文件即"未命名-1.FLA"，在 Flash 软件中选择【文件】|【打开】命令即可弹出打开对话框，选择好动画源文件"未命名-1.FLA"，单击【打开】按钮，则该文件被调入 Flash 软件中并打开。这时就能够对其进行编辑了。

　　② 如果要测试动画，则选择【控制】|【测试影片】命令，进入动画测试环境。其中简单测试是直接使用编辑环境下的播放控制器。从系统菜单栏中选择【窗口】|【工具栏】|【控制器】命令，会出现【控制器】面板，利用其中的按钮可以实现动画的播放、暂停、逐帧前进或倒退等操作。对于简单的动画来说，如补间动画、逐帧动画等，可以利用播放控制器进行测试；而要利用测试影片命令对动画进行专门的测试。例如，当作品中含有影片剪辑元件实例、多个场景或动作脚本时，直接使用编辑界面内的按钮就不能完全正常地显示动画效果了，这时就要利用【控制】|【测试影片】命令对动画进行专门测试。

　　③ 如果要导出图像，则选择动画文件中的时间轴某一帧（如第 5 帧），从菜单栏中选择【文件】|【导出】|【导出图像】命令，在弹出【导出图像】对话框中选择导出文件的类型及保存位置，及文件的名称。如果导出为一个影片文件，则从菜单栏中选择【文件】|【导出】|【导出影片】命令，在弹出【导出影片】对话框中选择导出文件的类型及保存位置，及文件的名称。

　　④ 如果要分布为 WEB 文件，选择【文件】|【发布】，从 Flash 导出 Web 文件。

⑤ 关闭 Flash 软件, 导出或发布之后可以从导出或者发布的保存位置中找到相应文件并查看即可。

3. Flash 工具面板实践操作

工具面板按照功能可分为 4 大类, 即编辑工具类、查看类、颜色累、辅助选项类等, 如图 5-8 所示。

提示 以下图文说明在介绍各项工具的同时, 也介绍了相关的工具操作知识。

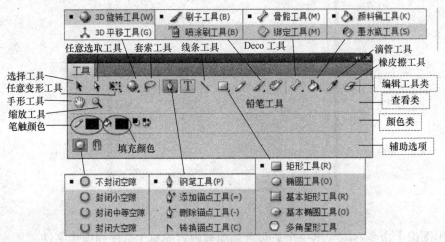

图 5-8　工具面板

编辑工具类主要用于绘制线条、图像和文字及其编辑处理等工作; 而查看类主要用于缩放显示比例和移动画面等; 颜色类主要用于选择颜色, 如线条颜色、填充颜色等; 辅助选项类主要根据不同的工具选项, 在【工具面板】的最后一行中会出现不同的辅助工具, 这些辅助选项工具可以支持其他相应工具的绘制和编辑处理工作; 其中某些工具按钮的右下角有黑色小三角形, 表明在此按钮下还存在类似的其他可选工具。另外, 每一种工具被选择的时候都有相应的【属性面板】来设置相应工具的属性。

① 即【选择工具】, 用于选取图形和操作对象, 可以选择一个或多个对象(按住 "Shift" 可选择多个对象), 然后还可以按住鼠标不放拖曳对象或调整对象形状等。

② 即【部分选取工具】, 用于调整图形外框节点, 实现图形的缩放和形状调整等, 用于选择矢量图形上的节点, 即以贝赛尔曲线的方式编辑对象的笔触, 用部分选取工具选取上节点后, 如果此时按 "Delete" 键即可删除该节点; 如果此时拖曳鼠标即可改变图形的形状。

③ 即【任意变形工具】, 在 Flash 动画制作中的使用频率也是非常高的, 通过使用【任意变形工具】可以改变图形的基本形状。在工具箱的下端选项区中, 当选择了【任意变形工具】时, 会有 4 个功能提供选择, 分别是 "旋转与倾斜" "缩放" "扭曲" 和 "封套" 功能。

④ 3D 旋转工具和 3D 平移工具都是针对影片剪辑元件而起作用的。其中 3D 旋转工具起旋转作用, 在舞台上选中的影片剪辑上会出现瞄准镜图示, 其中红色为 X 轴, 可以对 X 轴进行调整; 绿色为 Y 轴, 对以对 Y 轴进行调整; 蓝色圆圈为 Z 轴, 可以对

Z 轴进行调整；此时状态下，还可以通过相对应的属性面板中的"3D 定位和查看"来调整图像的 X 轴、Z 轴、Y 轴的数值；通过调整属性面板中的"透视角度"数值，调整图形在舞台中的位置；通过调整属性面板中的"消失点"数值，可以调整图形中的"消失点"；3D 平移工具起到 X、Y、Z 轴平移作用。

⑤【套索工具】是一种选取工具，用于在图形中随意地选取不规则的区域，主要用在处理位图，选择套索工具后，会在选项中出现【魔术棒】【魔术棒设置】和【多边形模式】，利用这些选项，对打散的位图或图形某部分区域进行选取工作，并进一步可用于删除，或做其他操作。

⑥ 使用【钢笔工具】可以自由、精确地创建和编辑矢量图形，它不仅可以绘制直线、曲线，而且还可以调整路径上的节点，单击可以创建直线段上的点，拖曳可以创建曲线段上的点，可以通过调整线条上的点来调整直线段和曲线段；当然还可以钢笔工具下方的特殊钢笔工具，如【添加锚点工具】【删除锚点工具】或【转换锚点工具】，调整之前绘制的图形。

⑦【文本工具】可以生成静态文本、动态文本和输入文本，选择【文本工具】后，可打开文本【属性】面板（见图 5-9），并可以其中相应选项中进行选择和设置。

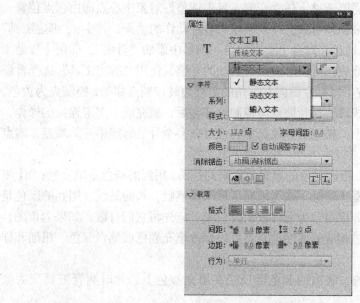

图 5-9　文本属性面板

⑧【线条工具】：线条是组成画面的最基本的元素，用户可在【属性】面板中设置线条的颜色、宽度和线型。

⑨ 选择【椭圆工具】可以绘制出圆形或者椭圆形；【矩形工具】与【椭圆工具】位于一个按钮上，对着【椭圆工具】多按一次，将弹出下拉选项，选择【矩形工具】可以绘制出矩形；还有其他类似绘制工具如【基本矩形工具】【基本椭圆工具】和【多角星

形工具】等。如果要绘制出所需要的图形，就需要打开相应工具的【属性】面板，来进一步设置其图形属性。

⑩ 选择【铅笔工具】可以在舞台上绘制自由的曲线。选择【铅笔工具】工具后，在铅笔工具【属性】面板的样式选项中可以设置线条的类型，以及它的笔触模式。铅笔工具有3种使用模式：伸直、平滑、墨水模式。

⑪ 【刷子工具】可以根据其【颜色工具】的颜色以及【辅助选项工具】的模式在舞台对象上进行绘制操作，没有边框线；而【喷涂刷工具】被选中的时候，可以在舞台对象上喷涂默认或其他图形元件的图案（可在其相应【属性】面板选择设置）；而选择【刷子工具】工具后，在工具栏的选项栏里有以下几个属性：刷子模式：标准绘画、颜料填充、后面绘画、颜料选择、内部绘画；刷子粗细；刷子形状。

⑫ 【Deco工具】是一种类似"喷涂刷"的填充工具，使用【Deco工具】可以快速完成大量相同元素的绘制，也可以应用它制作出很多复杂的动画效果，在相应的【属性】面板中提供了13种绘制效果，包括藤蔓式填充、网格填充、对称刷子、3D刷子、建筑物刷子、装饰性刷子、火焰动画、火焰刷子、花刷子、闪电刷子、粒子系统、烟动画和树刷子。

⑬ 【骨骼工具】具有骨骼功能，可以方便地为"图形元件""影片剪辑"元件和普通的"图形"添加骨骼，而作为【骨骼工具】下属工具的【绑定工具】是单一图形添加骨骼而使用的。按下快捷键"M"可以快速切换为【骨骼工具】，通过骨骼工具可以连接对象，形成连接在一起的联动骨架。此过程需要通过【任意变形工具】调整好对象中心点即白色点位置，以及其他工具如【选择工具】来调整对象，可以制作出各种动作的动画。其中，"绑定工具"（针对普通的图形，不是元件）通过在舞台上绘制的单一图形中添加"骨骼"，即用【骨骼工具】在图形中单击并按住鼠标拖放，可以形成多个联动的骨骼，使用"绑定工具"选择骨骼点一端，选中的骨骼呈红色，按下鼠标左键向右下角的矩形边线控制点移动，控制点为黄色，拖曳过程中会显示一条黄色的线段；当骨骼点与控制点连接后，就完成了绑定连接的操作，可以单一的骨骼绑定单一的端点，端点呈方块显示；也可以多个骨骼绑定单一的端点，端点呈三角显示。

⑭ 【颜料桶工具】则是可以更改对象的填充效果画的是图，用到的颜色是填充色；而【墨水瓶工具】可以修改图形的边框（笔触）或为填充区域添加笔触，画的是线，用到的颜色是笔触颜色。使用这两类工具，如果对象为元件或组合对象，应先将它们打散；如果为位图，应先将其转换为矢量图，而通过相应的属性检查器可以修改填充颜色或笔触颜色、粗细和样式等属性。

⑮ 滴管工具是用来吸色的，吸取的颜色会反映在填充颜色上，此时滴管工具变为颜料桶工具。

⑯ 【橡皮擦工具】用于清除图形中多余或错误的部分，是绘图编辑中常用的辅助工具，在【选项面板】中可以为【橡皮擦工具】选择5种图形擦除模式，包括标准擦除、擦除填充、擦除线条、擦除所选填充、内部擦除，在【选项面板】中还有水龙头擦除以及橡皮擦形状等选项。

⑰ 手形工具可以平移舞台，以方便观察、编辑舞台对象。

⑱ 缩放工具包含放大和缩小选项，可以对舞台进行缩放，按住"Alt"键，可以切换缩放模式。

⑲ 通过此处可以改变笔触颜色 和填充颜色 ，以及通过 恢

复默认黑白模式，或交换当前的笔触颜色和填充颜色。

⑳ 辅助选项类：根据不同的工具选项，在【工具面板】的最后一行中出现不同的辅助工具，这些辅助选项工具可以支持其他相应工具的绘制和编辑处理工作。

> **提示**　建议在理解学习上述图文说明的基础上，同时展开实际的软件操作学习和应用。

4. Flash 时间轴面板实践操作

【时间轴】用于组织和控制文档内容在一定时间内播放的图层数和帧数，可分为 3 部分，左边是【图层面板】，右边是【时间轴】，下边是一个状态栏，如图 5-10 所示。【时间轴】的主要组件是图层、帧和播放头。【时间轴】左边的图层面板显示了当前场景的图层数，默认是一个"图层 1"，随着动画的制作，可以添加图层和修改图层的名称和位置，上面的图层里的图像会挡住下面一层的图像；【时间轴】状态显示在时间轴的底部，包含所选的帧编号、当前帧频以及到当前帧为止的运行时间等。

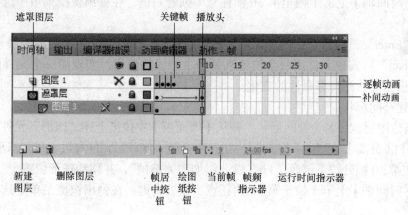

图 5-10　时间轴

其他【时间轴】相关图示说明如表 5-1 所示。

表 5-1　　　　　　　　　　　　　【时间轴】相关图示说明表

符　号	说　　明	符　号	说　　明
	新建层		错误的补间
	新建引导线		补间动画
	新建层文件夹		关键帧，在某桢上按 "F6" 键
	空白关键帧，在某桢上按 "F7"		结束，按 "F5" 键可以增加帧

基于【时间轴】的基本动画形式，有创建传统补间、创建补间形状、创建补间动画（见图 5-11）、引导层动画（见图 5-12）和遮罩动画（见图 5-13）等。

（1）创建传统补间。

① 在一个图层第一帧上，首先设置笔触颜色为▱，即为无笔触颜色，填充色颜色为▰，然后使用【椭圆工具】以及【颜料桶工具】在舞台中绘制球形（按住 "Shift" 键绘制成圆形），按 "F8" 键（或者菜单栏【修改】|【转换为元件】）将其转换为元件，使用【选择工具】选

择球形。

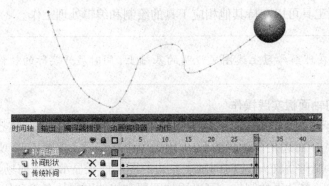

图 5-11　传统补间、补间形状和补间动画

② 如在第 30 帧处按下键盘 "F6" 键，添加 "关键帧"，并移动球形位置。

③ 在【时间轴】上第 1 帧至第 30 帧任意一帧处右键，在弹出快捷菜单中选择 "创建传统补间" 命令。

④ 按 "Enter" 键，舞台中的 "球形" 就开始移动，此时时间轴帧区域为淡紫色。

"传统补间" 可实现元件由一个位置到另一个位置的变化，实现同一个元件的大小、位置、颜色、透明度、旋转等属性的变化。

（2）创建补间形状。

① 再新建图层，命名为补间形状，并从【库面板】中拉出上述 "球形" 元件到舞台中，执行【修改】|【分离】，或者用 "Ctrl" + "B" 组合键，将球形元件打散，得到球形矢量图形。

② 如在第 30 帧处按下键盘 "F6" 键，添加 "关键帧"，并移动球形位置。

③ 在【时间轴】上第 1 帧至第 30 帧任意一帧处右键，在弹出快捷菜单中选择 "创建补间形状" 命令。

④ 按 "Enter" 键，舞台中的 "球形"，就开始移动，此时【时间轴】帧区域为浅绿色。

补间形状动画可实现矢量图形由一种形状逐渐变为另一种形状的动画。实现两个矢量图形之间的变化，或一个矢量图形的大小、位置、颜色等的变化。

（3）创建补间动画。无论是 "图形元件" "按钮元件" 影片剪辑元件" 都可以选择创建补间动画。

① 再新建图层，命名为补间动画，并从【库面板】中拉出上述 "球形" 元件到舞台中。

② 这时选择第 1 帧，右键引出快捷菜单，单击 "创建补间动画" 命令。

③ 在第 30 帧处，移动 "球形" 到新的位置，这时我们会发现【时间轴】上出现了一个黑色菱形，而舞台中出现了一条带有很多绿色小点的线段。

④ 将鼠标在【时间轴】上移动到第 30 帧处，然后移动舞台中的图形，在【时间轴】上会出现一个新的黑色菱形，随着黑色菱形的增加，我们也看到了同时增加了绿色的线段，这条线段就是补间动画的运动路径，线段上有一些端点，如果你够细心，你会发现在图中一共有 30 个端点，就是代表了【时间轴】上的 30 帧。

⑤ 而使用黑色箭头的【选择工具】可以对绿色线段进行调整，如弯曲的调整。

⑥ 而使用白色箭头的【部分选取工具】可以对绿色线段进行弧线角度的调整，如调整弯曲角度，只需单击两端的顶点，就会出现控制柄，通过调整控制柄就可以实现在 Flash 中

改变运动路径弯曲的设置。

（4）引导层动画。引导层动画如图 5-12 所示。

引导层起到辅助其他图层静态对象定位的作用。

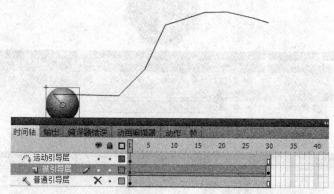

图 5-12　引导层动画

① 首先新建图层，命名为"普通引导图层"，然后单击鼠标右键，在快捷菜单上选择【引导层】，此图层为"普通引导层"；在此层第一帧用钢笔工具或其他绘制线条工具，绘制连续的线条。

② 然后再新建两个图层，分别命名为运动引导层和被引导层，运动引导层同样转化为引导层，被引导层在运动引导层的下方；

③ 在运动引导层上的第一帧复制普通引导图层的第一帧线条，而被引导层从【库面板】中拉入一个元件，并创建传统补间动画，并将元件中心点吸附至引导层线条的两端。

④ 此时在被引导层上单击鼠标左键不放，将被引导层向后拉向运动引导层，即可创建出引导层动画。

需要指出的是，引导层上的内容不会输出（即不显示在发布的 SWF 文件中），被引导层可使用影片剪辑、图形元件、按钮、文字等工具，但不能应用形状（矢量图）；被引导图层可为多个，运动引导层内容可以是用钢笔、铅笔、线条、椭圆工具、矩形工具或画笔工具等绘制出的线段。

（5）遮罩动画

首先建立被遮罩图层，从【文件】|【导入】|【导入到库】选择图片所在路径，选择好图片后单击"确定"按钮即可将图片导入到库面板中。从【库面板】中将图片拉入到舞台被遮罩图层第一帧中，选中此图片并在【属性面板】中设置好大小；然后再建遮罩图层，在图层第一帧用【椭圆工具】（填充色为黑色）画出圆形即可；遮罩图层在上，被遮罩图层在下；最后在遮罩层上右键快捷菜单上选择遮罩层命令；此时将两层锁住即可出现遮罩效果（见图 5-13）。如果要出现遮罩动画效果，可将任意将遮罩图层或被遮罩图层创建为动画形式。

另外，测试动画效果，可以直接按"Enter"键或者选择菜单栏【控制】|【测试影片】以测试 FLA 文件。

5．Flash 动作面板实践操作

【动作面板】（见图 5-14）是用于在 FLA 文件中直接编写 ActionScript 代码的工具。按"F9"键调出【动作面板】，可以看到【动作面板】的编辑环境由左右两部分组成，左侧部分又分为上下两个窗口。

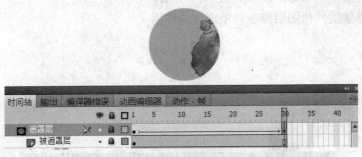

图 5-13 遮罩动画

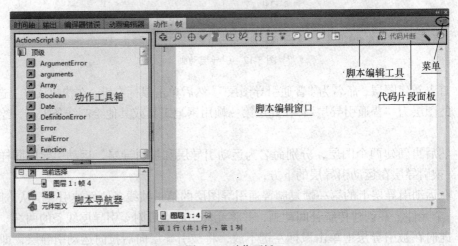

图 5-14 动作面板

左侧的上方是一个"动作"工具箱，单击前面的图标展开每一个条目，可以显示出对应条目下的动作脚本语句元素，双击选中的语句即可将其添加到编辑窗口。

下方是一个"脚本"导航器，里面列出了 FLA 文件中具有关联动作脚本的帧位置和对象。单击脚本导航器中的某一项目，与该项目相关联的脚本则会出现在"脚本"窗口中，并且场景上的播放头也将移到【时间轴】上的对应位置上。双击脚本导航器中的某一项，则该脚本会被固定。

右侧部分是"脚本"编辑窗口，这是添加代码的区域。可以直接在"脚本"窗口中编辑动作、输入动作参数或删除动作，也可以双击"动作"工具箱中的某一项或"脚本编辑"窗口上方的【添加脚本】工具，向"脚本"窗口添加动作。

在"脚本"编辑窗口的上面有一排工具图标，在编辑脚本的时候，可以方便适时地使用这些功能。

【代码片段面板】可以将已经编写的代码存储其中，提高代码的快速调用，提升编写代码的效率。

（1）添加 ActionScript 代码。一般情况下，Flash 制作的动画在播放时会反复循环，这主要是因为 Flash Professional 中的【时间轴】在最后一帧后将回到第 1 帧，除非设置指示执行控制操作。如果要添加一个控制【时间轴】的命令，可将 ActionScript 代码添加到【时间轴】上的关键帧（点）。

以下步骤介绍为停止动作添加 ActionScript 代码。

① 新建图层命名为"动画"（即重命名时双击【时间轴】层区域中的层名，并键入新名称即可）。

② 在"动画"层上添加一个名为"代码"的新层（即单击【时间轴】面板左下角的"新建层"按钮即可）。在 ActionScript 3 文件中，必须将 ActionScript 代码添加到【时间轴】，因此，可单独为 ActionScript 代码建立图层。

③ 将红色播放头移至第 30 帧，单击"代码"层第 30 帧。选择【插入】|【时间轴】|【关键帧】（或者"F6"键），在选区中插入一个关键帧。

④ 使用【选择工具】选择新关键帧，打开【动作面板】（或【窗口】|【动作】或者"F9"）使【动作面板】处于默认模式，如果【动作面板】处于"脚本助手"模式，可取消选中【动作面板】右上角的魔术棒图标，恢复默认模式。将光标放在数字 1（第 1 行）旁的文本区域中，键入动作：stop()（见图 5-15）。

⑤ 此时包含该动作的关键帧上方出现一个小小的"a"图标，以后在需要的重新编辑代码的时候可以选择【动作面板】，选择关键帧并再次打开【动作面板】可随时返回并编辑代码。

⑥ 选择【控制】|【测试影片】以测试 FLA 文件，动画不再循环。

⑦ 关闭【测试影片】窗口。

⑧ 保存文件。

图 5-15　添加停止动作代码

（2）添加重放按钮以重新启动动画。stop()动作停止了动画，为了能够再次启动动画，可选择包括使用按键重新启动、单击舞台或单击按钮。为了实现其中任何一个选项，因此需要在运行时使用 ActionScript 对用户交互作出回应。

这里为文件添加一个按钮和 ActionScript 代码。

① 为按钮新建一个图层，即单击【时间轴】面板上的"新建层"按钮，并为这个新增加的图层重命名为"按钮"。

② 打开【组件面板】（【窗口】|【组件】或从【窗口】|【公用库】）中，将一个按钮组件从其中拖曳到舞台上适当位置。

③ 当舞台按钮组件依然处于选中状态时，在【属性面板】顶部的"<Instance Name>"字段中键入名称，将按钮实例命名为"replay_btn"。通过命名按钮实例，即可使用 ActionScript 代码按名称操作它。

④ 在【属性面板】的"组件参数"区域的"标签"字段中输入文本"播放"。

⑤ 单击代码层的第 1 帧的关键帧，然后返回【动作面板】，将以下代码复制并粘贴到面板中：

```
import flash.events.MouseEvent;
replay_btn.addEventListener(MouseEvent.CLICK, onClick);
 function onClick(event: MouseEvent): void
{
    gotoAndPlay(1); //返回第 1 帧并再次开始播放【时间轴】
}
```

⑥ 此代码包含一个函数段和 addEventListener 方法，而此方法可将函数注册为按钮单击事件的“事件监听器”。这是 ActionScript 3 中用于回应 Flash Player 中的对象的计时提示的标准格式。【片段面板】可直接为按钮添加事件代码。

⑦ 选择【控制】|【测试影片】以测试 FLA 文件。单击“播放”按钮重新启动动画。

⑧ 关闭【测试影片】窗口，然后保存 FLA 文件。

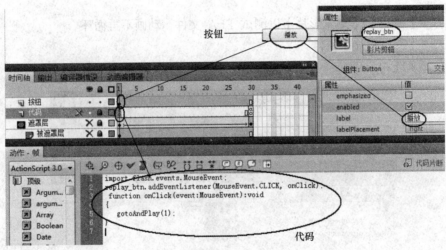

图 5-16　添加代码控制按钮

（3）利用按钮控制场景的播放与停止。

① 新建图层【影片】，加入影片剪辑“test_mc”，在 30 帧建立关键帧，并将影片剪辑移到最右方，最后在 1～30 帧创建补间动画。

② 新建图层【按钮】，分别加入播放按钮“play_btn”和停止播放按钮“stop_btn”；

③ 选择【按钮】图层的第 1 帧，按下“F9”键，打开动作面板，在面板中编写“play_btn”“stop_btn”按钮的监听器以及相应的监听函数 test_move()、test_stop()，即将以下代码复制并粘贴到面板中：

代码如下：

```
play_btn.addEventListener(MouseEvent.CLICK, test_move);
function test_move(me: MouseEvent){
 this.play();
}
```

```
stop_btn.addEventListener(MouseEvent.CLICK, test_stop);
function test_stop(me: MouseEvent){
 this.stop();
}
```

（4）动态控制动画播放。

① 新建图层【背景】，并于图层中设计场景动画。

② 新建图层【按钮】，加入 3 个按钮，分别为 "fullscreen_btn" "quit_btn" "menu_btn"。

③ 新建图层【文稿】，在该图层的第 1 帧按 "F9" 键打开动作面板，输入控制动画的脚本代码，代码如下：

```
//按下全屏幕按钮
fullscreen_btn.addEventListener(MouseEvent.CLICK,fullscreen);
function fullscreen(me: MouseEvent){
fscommand("fullscreen","true");
}
//按下关闭按钮
quit_btn.addEventListener(MouseEvent.CLICK,quit);
function quit(me: MouseEvent){
fscommand("quit");
}
//按下停用菜单按钮
menu_btn.addEventListener(MouseEvent.CLICK,menu);
function menu(me: MouseEvent){
 fscommand("showmenu","false");
}
```

（5）用按钮控制声音播放。添加按钮，单击按钮可播放指定声音，再次单击按钮可停止声音。

① 新建图层【按钮】，加入 1 个按钮，单击此按钮，在【属性面板】的实例名称栏中填入 "shengyin"；

② 建图层【代码】，在该图层的第 1 帧按 "F9" 键打开动作面板，输入控制动画的脚本代码，代码如下：

```
movieClip_1.addEventListener(MouseEvent.CLICK, fl_ClickToPlayStopSound);
var fl_SC: SoundChannel;
//此变量可跟踪要对声音进行播放还是停止
var fl_ToPlay: Boolean = true;
function fl_ClickToPlayStopSound(evt: MouseEvent): void
{
    if(fl_ToPlay)
    {
        var s: Sound = new Sound(new URLRequest("http: //www.helpexamples.com/ flash/
sound/song1.mp3"));
        fl_SC = s.play();
```

```
    }
    else
    {
        fl_SC.stop();
    }
    fl_ToPlay = !fl_ToPlay;
}
```

代码中可以根据需要将您所需的声音文件 URL 地址替换代码中引号里面的 URL 地址 "http：//www.helpexamples.com/flash/sound/song1.mp3"

在 Action Script 3.0 中，常用鼠标事件简介如表 5-2 所示。

表 5-2　　　　　　　　　　　　　　　　鼠标事件

事 件 名 称	参照值（字符串）	说　明
CLICK	click	当发生单击一次鼠标键的动作时
DOUBLE_CLICK	doubleClick	当发生双击鼠标键的动作时
MOUSE_DOWN	mouseDown	当发生按下鼠标键的动作时
MOUSE_MOVE	mouseMove	当鼠标指针在物体范围内移动时
MOUSE_OUT	mouseOut	当鼠标指针移开物体范围时
MOUSE_OVER	mouseOver	当鼠标指针移入物体范围时
MOUSE_UP	mouseUp	当发生放开鼠标键的动作时
MOUSE_WHEEL	mouseWheel	当发生鼠标滚轮滚动的动作时

（6）类文件。在 AS3 中要加载一个显式对象，必须要载入一个类，然后要声明这个类的一个实例，再用 new 关键字创建它，最后用 addChild()将它加载到舞台。类在 AS3.0 中有 public 和 internal 的区分；public 表示这个类可以在任何地方导入使用；internal 表示这个类只能在同一个 package 里面使用；默认为 internal 这个新的关键字；还有一个属性是 final，表示这个类不能被继承了，继承树到此为止。

① 建立 AS3.0 类文件：用 "Ctrl" + "N" 组合键打开 "新建" 窗口，选择建立 "ActionScript file"，然后用 "Ctrl" + "S" 组合键，暂存为 "nuistMC.as" 文件（名称可以自定义）

```
package
{
import flash.display.MovieClip;
import flash.events.MouseEvent;

public class nuistmc extends MovieClip
{
    public function nuistmc()
    {
        trace("nuist created: " + this.name);
        this.buttonMode = true;
```

```
    this.addEventListener(MouseEvent.CLICK, clickHandler);
    this.addEventListener(MouseEvent.MOUSE_DOWN, mouseDownListener);
    this.addEventListener(MouseEvent.MOUSE_UP, mouseUpListener);
    }
    private function clickHandler(event: MouseEvent): void
    {
    trace("You clicked the ball");
    }
    function mouseDownListener(event: MouseEvent): void
    {
    this.startDrag();
    }
    function mouseUpListener(event: MouseEvent): void
    {
    this.stopDrag();
    }
    }
    }
```

② 新建一个元件，并设置它的 Linkage 和上面的类绑定。首先在舞台上建立一个对象，按 "F8" 键转成影片剪辑元件，再在库中右键单击它，选择 "linkage"，在 Class 里面写上 "nuistMC"；所有舞台的可见对象都由 new 来创建。

```
var b1: nuistmc = new nuistmc();
addChild(b1);
var b2: nuistmc = new nuistmc();
addChild(b2);
```

另外，在.fla 文件中可绑定 Document Class 类（先建立 Document Class 类文档），在文档属性中填写 Document Class 类名称，注意.fla 文件中须有一个元件与 Document Class 类中对象类链接。

5.2.5　复习思考题

（1）打开一个动画源文件 ".fla" 文件，并进行测试、导出发布，并将其转为一个影片文件，观察各种格式的区别。

（2）如何实现 Flash 帧动画的节奏控制？

（3）举例说明 Action Script 2.0 和 Action Script 3.0 的区别。

（4）结合自身工作学习生活的实际需求，创作一段动画作品。

（5）撰写符合实验内容要求的实验报告：

① 总结并描述出实验详细过程；

② 指出实验过程中遇到的问题及解决方法；

③ 对于上述思考题有一些基本的分析和思考，归纳提炼出相关结论。

5.3 本章实验内容小结

（1）动画基础知识部分：动画含义、动画分类、动画文件格式、动画制作工具软件、动画制作过程阶段和构成人员等知识。

（2）动画制作软件 Flash 部分：Flash 欢迎界面和用户界面认识包括舞台、时间轴、工具面板、属性面板、库面板、ActionScript 代码界面等；项目文件创建、保存打开及导出发布等操作、工具面板时间操作包括编辑工具类、查看类、颜色累、辅助选项类等工具的应用操作；时间轴面板时间操作包括时间轴的构成、创建传统补间、创建补间形状、创建补间动画、引导层动画、遮罩动画等相关实践应用操作；动作面板时间操作包括动作面板的构成、添加 ActionScript 代码、添加重放按钮以重新启动动画、利用按钮控制场景的播放与停止、动态控制动画播放、用按钮控制声音播放、类文件应用等。

第6章
多媒体作品制作和发布

多媒体作品通常具有特定的使用场合，需要以某种特有形式集成组合适当的多媒体素材内容，制作并发布给特定的用户使用。

【内容提示】

本章实验内容包含两类软件的应用，Authorware 平台软件和 AutoPlay Menu Builder 光盘制作发布软件。Authorware 平台软件的介绍包括了 Authorware 工作界面、窗口、面板以及应用程序的基本流程和功能实践操作等内容；AutoPlay Menu Builder 光盘制作发布软件的介绍主要围绕软件操作应用的基本流程及其实践操作；通过这两类软件的应用引导学生完成符合需求的多媒体作品，并强化学生在综合集成发布过程中对各类多媒体素材编辑制作环节及其价值的综合全面的理解。

6.1 多媒体作品制作发布实验项目

6.1.1 基本概念

多媒体平台软件是可为多媒体产品集成多媒体素材、完善交互功能和提供统一用户视角的软件系统，可以把图形图像、文字、动画、视频、音频等多媒体元素置于同一个层面上，进行调用和控制，具有控制各种媒体的启动、运行与停止，协调媒体之间的时间顺序，生成面向用户的操作界面，生成数据库，监控包括计数、计时以及统计事件发生次数等多媒体程序的运行，精确控制输入输出方式、打包多媒体目标程序等作用。

目前，主要软件有以幻灯片页为单位的 PowerPoint、以页面和卡片为单位组织多媒体素材的方正奥思、基于时间轴的以时间顺序方式组织多媒体素材的 Director、基于图标的以对象时间顺序方式组织多媒体素材的 Authorware、面向多媒体课件制作的开发工具 Toolbook 以及其他视窗类的语言编程系统 VB/VC 等。其中 Authorware 是一种基于图标的多媒体开发软件，通过图标来控制程序的流程，来编辑和设置、显示、播放多媒体素材，具有面向对象、交互性、结构灵活以及文件独立性等特点。

多媒体光盘是存储多媒体作品重要方式，具有成本低、容量适中、性能可靠、便于携带等特点，可包括媒体数据、平台软件、图标文件、自启动文件、系统说明、服务信息以及外包装等多种元素。在光盘制作软件中，AutoPlay Menu Builder 是一个功能强大的光盘自动运行菜单制作工具之一，易于操作使用。

6.1.2 实验目的

（1）根据实际需要，使用平台软件进行素材的集成和附加交互，并规划、设计和制作出一个多媒体作品光盘系统。

（2）熟悉和掌握全部素材的制作技巧。

（3）将美学设计理念和市场化观念应用于作品设计上。

6.1.3 实验内容

本章实验项目内容包括了 Authorware 软件的工作界面、窗口、面板以及多媒体作品应用程序的基本流程和功能实践应用操作，还包括了利用 AutoPlay Menu Builder 光盘制作发布软件、发布光盘系统的基本流程及其实践应用操作。

6.1.4 实验步骤

此部分实验内容以 Authorware 软件和 AutoPlay Menu Builder 来开展实验操作学习。

1. Authorware 工作界面

Authorwave 7.0 的工作界面由主程序窗口、图标面板、设计窗口、控制面板、属性面板等部分组成，如图 6-1 所示。

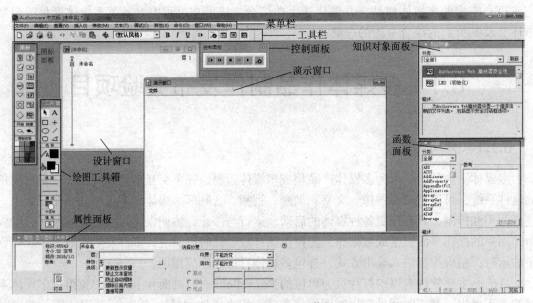

图 6-1　Authorware 7.0 工作界面

其中主程序窗口是 Authorwave 7.0 应用程序运行窗口，和其他 Windows 应用程序一样，它包括了标题栏、菜单栏、工具栏及工作区域。

2. Authorware 窗口和面板

（1）图标面板。图标面板是 Authorwave 软件主要创作工具，是其面向对象可视化编程的核心组建。如图 6-2 所示，Authorwave 7.0 提供了 14 个功能图标。

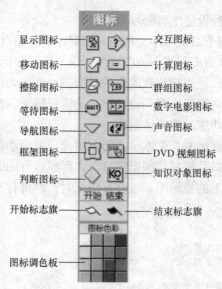

图 6-2 Authorware 7.0 图标面板

① 显示图标（Display icon）是 Authorware 使用最频繁的图标，它的作用是放置文本、图形、图像对象，也可以输入函数和变量进行计算。

② 移动图标（Motion icon）用于实现对文本、图形、图像等可视对象的移动控制，从而生成简单的动画效果。

③ 擦除图标（Erase icon）用于擦出屏幕上显示的各种对象，还可以提供多种擦出效果。

④ 等待图标（Wait icon）用于设置程序在某个时间暂停或停止，等待用户按键或单击鼠标事件发生或者预设时限已到后，才继续向后执行程序。

⑤ 导航图标（Navigat icon）用于实现程序的跳转控制，通常和框架图标结合使用，跳转指向框架图标下的某个页面。

⑥ 框架图标（Framework icon）用于创建页面式结构的设计图标，可以下挂其他各类图标，每一个图标分支为一页，各页之间可以方便的跳转。

⑦ 判断图标（Decision icon）用于判断分支结构，程序走向哪个分支是根据编程人员的预先定义而自动执行的。

⑧ 交互图标（Interaction icon）是实现 Authorware 交互功能的主要工具，它提供了 11 种交互方式，各种交互方式相互搭配，可以实现多种交互动作。

⑨ 计算图标（Calculation icon）其在编程主要场所用于进行变量和函数的赋值和运算，还可以编写代码进行运算。

⑩ 群组图标（Map icon）：为了解决有限的设计窗口空间，群组图可以将流程中的一系列图标归纳到一个群组中，是程序更简洁清楚。

⑪ 数字电影图标（Digital Movie icon）用于导入数字化电影到 Authorware 程序中，并对播放进行控制。

⑫ 声音图标（Sound icon）用于导入声音到 Authorware 程序中，并对播放进行控制。

⑬ DVD 图标（DVD icon）用于导入 DVD 视频数据，并进行控制盒管理。

⑭ 知识对象图标（Knowledge Objects icon）就是程序设计的向导，引导用户建立起具有某项功能的程序段。

图标面板上另外还有两种设置工具分别是：

- 开始和结束旗帜：用于调试程序，指向局部程序的起始点和终止点。
- 图标颜色面板：可以为流程线上的图着色，用于区别图标或强调图标的重要性。

（2）设计窗口。设计窗口是进行流程编程的场所。Authorware 7.0 是基于图标和流程线的编程方法进行创作的，即将图标拖曳到设计窗口的流程线上，在对图标进行相应的组织、设置和编辑就可以完成特定功能的多媒体制作。

（3）演示窗口。在编辑程序时，文本、图形、图像、视频动画等素材的插入都是在演示窗口中完成的，所以演示窗口是素材的编辑窗口。在程序运行的时候，演示窗口又是作品最终的播放窗口。双击流程线上的显示图标或交互图标时，即可打开演示窗口，这时绘图工具箱会自动打开，如图 6-3 所示。

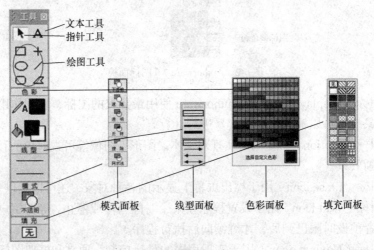

图 6-3　绘图工具箱

（4）控制面板。控制面板主要用于程序的调试，通过调试运行可以检查程序或程序段是否按预期的效果执行，多种控制手段和跟踪方法可以让编辑变得方便，甚至在程序运行时也能进行修改。

（5）属性面板窗口。属性面板窗口通常位于主程序窗口的最下方，不同的对象有不同的属性面板窗口。每个图标以及不同的分支都有各自的属性面板，如图 6-3 所示。属性面板用于对图标属性和流程结构进行编辑设置。

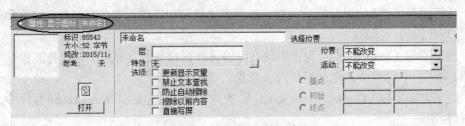

图 6-4　显示图标的属性面板

其他窗口和面板还有函数面板、变量面板、按钮对话框以及鼠标指针对话框等。

3. Authorware 程序基本流程操作

根据脚本设计准备好所需要的图形图像、音频、视频和动画等多媒体素材，并保存为相应的数据格式文件。

启动 Authorware 软件，创建新文件，并设置好文件属性。

根据设计的框架和流程，设置作品背景、交互方式以及加载文本、图像、音频、视频以及动画等多媒体数据文件，组建作品流程线。

将自己的程序调试、修改和打包生产可以独立运行的程序文件。

（1）新建文件。打开 Authorware 7.0 后，主程序窗口中会出现图 6-5 所示的新建对话框，这里需要创建的是一个空白文件，所以单击【不选】按钮，创建图 6-6 所示的空白设计窗口。

图 6-5　【新建】对话框

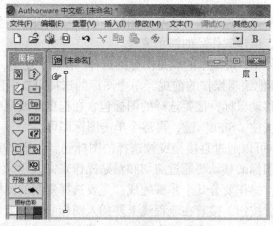

图 6-6　新建空白文件的设计窗口

从菜单栏选择【文件】|【新建】|【文件】命令，或直接单击工具栏中的【新建】按钮也可以打开图 6-5 所示的对话框，创建文件。

在设计流程之前，可以先确定作品的窗口大小和窗口的背景颜色等表现内容。这些属性属于文件属性，可以选择【修改】|【文件】|【属性】命令打开文件属性面板进行设置，将应

用于整个文件，主要包括文件标题的设置、等待按钮的设置、演示窗口大小的设置和重新启动与继续选项的设置等。图 6-7 显示的是默认的文件窗口设置。

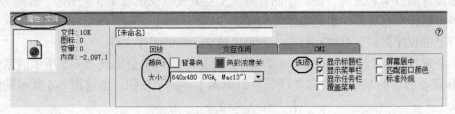

图 6-7　通过文件属性面板设置演示窗口

（2）组建流程。Authorware 7.0 程序的流程是由众多图标组织而成的，而流程线上的图标一般通过鼠标拖曳来放置到流程线上特定的位置，如图 6-8 所示。

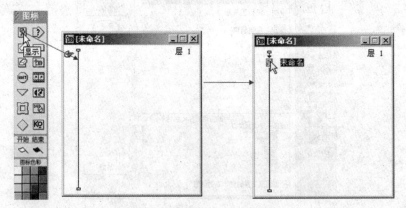

图 6-8　一个简单程序的流程

此处仅从图标面板中拖曳进来了一个显示图标，根据作品设计需要可以在流程线上拖曳进多个不同类型的图标，组建起作品的演示流程。

在编辑流程线的操作中，最基本的就是图标的选择、移动、复制、剪切和删除等操作了。

① 选择。选择是其他编辑操作的前提，单个图标的选择只要用鼠标单击选中即可，要选多个图标则可以通过移动鼠标，把要选择的图标包含在拖曳虚线框中来实现。如果要多选互不相邻的图标，则先按住"Shift"键，再逐个单击图标即可。

② 移动。移动操作可以通过直接拖曳被选择的图标到新位置来完成，但通常移动只能对单个图标进行，多个图标的移动要通过剪切和粘贴操作来完成。

③ 复制（或剪切）。操作要分几个步骤完成：先要选择复制的图标，然后单击工具栏中的【复制】（或【剪切】）按钮，接着在流程线上要插入图标的位置上单击，使手型指针出现在这个位置，最后单击工具栏中的【粘贴】按钮，复制（或剪切）的图标就插入到手形指针指向的位置。

④ 删除。删除操作很简单，选择好图标对象，按"Delete"键就会删除所选图标。

还有图标的编辑、分组、排列以及着色等基本操作。

（3）调试程序。程序调试是编程时通过运行程序、程序片来发现和解决问题的过程。调试可以两种方式进行：①使用【调试】菜单：【调试】菜单下提供了多种调试命令可供使用。

②使用控制面板：单击工具栏上的【控制面板】按钮，可以打开图 6-9 所示的控制面板，通过面板上提供的工具按钮可以进行各种调试。

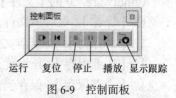

图 6-9　控制面板

Authorware 7.0 提供了多种调试程序的方法，这里介绍几种基本方法。

① 直接运行。选择【调试】|【重新开始】命令，或单击控制面板上的【运行】按钮，可以从头开始 运行程序。如果要停止运行，选择【调试】|【停止】命令或单击控制面板中的【停止】按钮即可。

② 部分程序调试。当程序很长的时候，调试不必每次都从头开始，部分调试会更快捷有效，特别是已经调试通过的部分就不需要再次运行。部分调试片段的开始和结束位置是通过开始旗帜和结束旗帜来标志的。拖曳【开始旗帜】到流程线上要调试片段的开始位置，然后拖曳【结束旗帜】到片段的终止位置，这时【调试】|【从标致旗处运行】命令变为可用命令，选择该命令或单击工具栏中【从标致旗处运行】按钮，就可以开始部分调试，如图 6-10 所示。

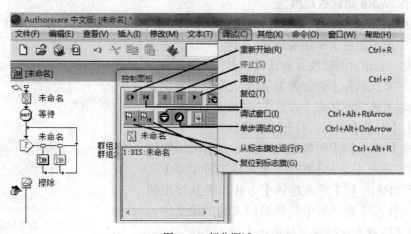

图 6-10　部分调试

如果只需要设置调试的起点或重点位置，可以单独使用开始旗帜或结束旗帜。

③ 跟踪运行。Authorware 7.0 还可以通过【调试】|【调试窗口】（Step Into）命令和【单步调试】（Step over）来跟踪程序的运行。每执行一次 Step Into，程序向下执行一步，遇到群组图标会进入子流程；而 Step over 也是每次但不向下执行，但遇到群组图标并不进入，而是跨步跟踪。跟踪也可以通过控制面板上对应的按钮来进行。

（4）修改程序。在程序运行中，如果发现问题就需要修改，这时不必结束到设计窗口再操作，直接在运行的演示窗口中双击要修改的对象，程序就会进入【暂停】状态，同时自动打开编辑工具和有关的属性面板，修改完后，关闭工具箱或单击控制面板上的【播放】按钮就可以继续执行。

要注意的是，除了群组图标，如果流程线上有未编辑的空图标（灰色显示的图标），程序执行到该图标也会暂停，自动进入编辑状态而不再向下执行。

（5）保存文件。在编辑过程中要注意经常保存文件，以免意外的错误造成操作成果的丢失。Authorware 7.0 保存的文件以.a7p 作为扩展名。

Authorware 7.0 的【文件】菜单下提供了 4 种保存命令。

① 【保存】：保存前文件。

② 【另存为】：将当前文件以新的文件名或路径进行保存。

③ 【压缩保存】：压缩优化文件，以文件需要的最小磁盘空间来保存。

④ 【全部保存】：保存当前打开的所有文件和库。

选择【文件】菜单下【保存】命令，在指定路径下命名保存文件。

（6）打包作品和发布。将各种文件归类在相应文件夹中，在打包之前需要设置程序文件的搜索路径，打包需要的文件包括：在主程序中引入的外部媒体文件；Ruan7w32.exe；所需要的字体文件、多媒体作品中所用到的外置软件模块（Xtras 插件、ActiveX 控件、外部函数 U32、动态链接库 DLL 等）、多媒体所使用的所有 Xtras 类型等。其命令为【文件】|【发布】|【发布设置】。另外，Authorware 7.0 提供了强大的文件的一键发布功能，命令为【文件】|【发布】|【一键发布】。最后，文件打包之后包括生成可执行文件（.a7r 或.exe），打包后的程序是一个可以脱离 Authorware 而单独使用的应用程序，也具有很好的保密性，用户无法从打包后的程序中看到程序的源文件。

4．Authorware 功能实践操作

这里仅介绍显示、等待、擦除、群组、移动、计算以及交互图标的基本操作。

（1）用【显示图标】添加素材。

① 拖曳一个显示图标放置到流程线上，在图标右方会出现图标的默认名称【未命名】，删除此默认名称，在光标停留处输入该图标名称【背景】，如图 6-11 所示。

② 双击【背景】图标，打开演示窗口。

③ 选择【插入】|【图像】命令，在弹出的图像属性对话框中，单击【导入】按钮，也可以选择菜单【文件】|【导入和导出】|【导入媒体】方式，再从弹出的【导入哪个文件?】对话框中找到要插入的图像文件，然后双击该文件或者选择该文件单击【导入】按钮即可插入外部图像，如图 6-12 所示。

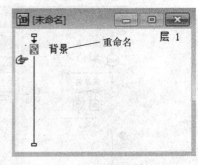

图 6-11 给图标命名

 如果不选择对话框中的链接到文件选项，则导入的是内部文件。

④ 保留【图像属性】对话框的默认设置，单击【确定】按钮关闭图像属性对话框。

⑤ 在演示窗口中单击选中的图像，拖曳控制句柄调整大小，使图像铺满窗口。

⑥ 单击演示窗口的【关闭】按钮，返回设计窗口。

⑦ 再拖曳一个显示图标放置到【背景】图标之后，命名为"标题"。双击该显示图标，打开演示窗口。在演示窗口的工具箱上单击选中【文本】工具，然后在演示窗口中单击鼠标左键，在闪烁的光标后输入文字内容，如图 6-13 所示。

⑧ 通过【文本】菜单下的【字体】、【大小】等子菜单下的命令修改文本的属性。根据背景具体情况，可以在绘图工具箱模式中依次选择透明和反转模式。

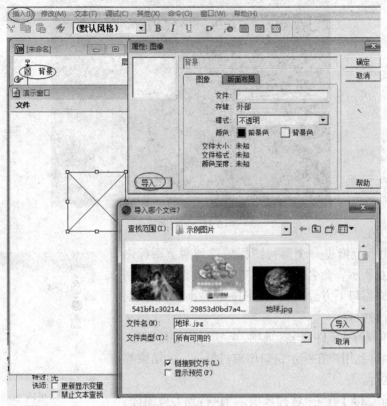

图 6-12 导入外部图像

⑨ 拖曳文本对象，调整到居中位置后，单击工具箱中的【关闭】按钮关闭演示窗口。

⑩ 保存文件，这样就建立了图 6-14 所示的简单流程。

⑪ 选择【调试】|【重新开始】命令，或单击工具栏上的【运行】按钮，可以看到程序的运行如图 6-15 所示。

（2）用【等待图标】设置暂停。通过上述运行画面，图像和文字虽然放在不同的显示图标中，但它们几乎是同时出现的，如果希望两个内容能先后出现，可以加入一个等待图标进行控制。

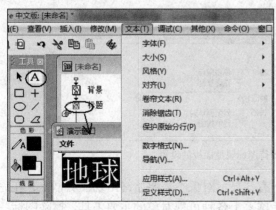

图 6-13 输入文本

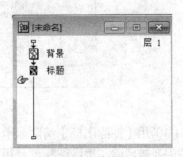

图 6-14 简单的小流程

图 6-15　运行画面

　　从图标面板上拖曳一个等待图标放置到两个图标之间，如图 6-16 所示，命名为"暂停"。双击等待图标，在 Authorware 7.0 窗口下方会出现等待图标属性面板，面板上提供了多种等待设置。

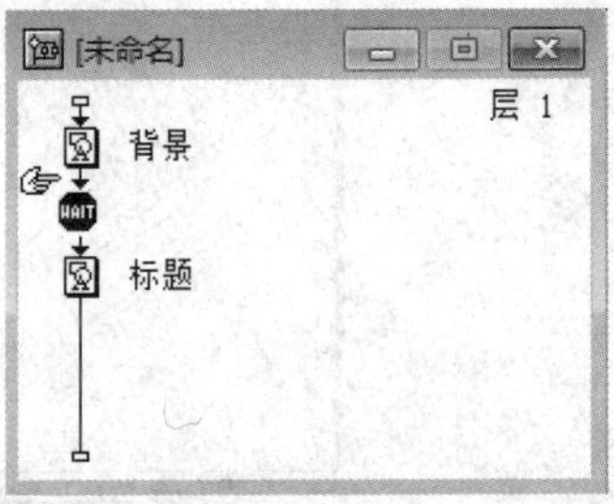

　　①【单机鼠标】事件：选择该项，当执行到等待图标，程序会暂停，直到用户在演示窗口中单机鼠标，才结束等待继续向下运行。

图 6-16　设计窗口

　　②【按任意键】事件：选择该项，当执行到等待图标，程序会暂停，直到用户按下键盘上的任意键，才结束等待继续向下运行。

　　③【时限】文本框：用于设置等待的具体时间，单位为"秒"。

　　④【显示按钮】选项：选择该选项，在等待时会显示一个【继续】按钮，只有单机此按钮，程序才结束等待继续向下运行。

　　⑤【显示倒计时】选项：只有当【时限】文本框不为空是才能选择此项，在等待时，演示窗口中会显示一个计时时钟，动态显示剩余时间。以上选项可多选，若同时设置多种等待，只要有一种方式满足条件，程序就会继续运行。

　　根据图 6-17 所示，设置"暂停"图标为时限等待，再次运行该程序可以看到"背景"图像出现 3 秒钟后，"标题"文字才显示出来。

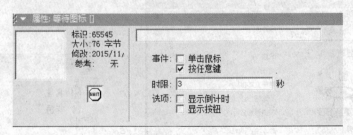

图 6-17　等待图标属性面板的设置

　　（3）用【擦除图标】清除显示对象。有些显示对象不需要始终出现在屏幕上，在完成显示后需要被清除，擦除图标就是用于清除屏幕上各种可视对象的主要工具。擦除图标一般放置在被擦除图标的后面。

① 在上面的流程中，先将"暂停"图标复制到"标题"图标之后，如图 6-18 所示。

② 从图标面板上拖曳一个擦除图标放置在流程线最下方，命名为"擦除"，准备清除前面显示的标题文字。

③ 双击要擦除的"标题"显示图标，看到演示窗口中的标题文字后，再用鼠标双击【清除图标】来擦除图标，然后在演示窗口单击要清除的文字，这时要擦除属性面板如图 6-19 所示。所选中的擦除对象被放置在右方的列表中。

图 6-18　添加擦除图标

图 6-19　擦除属性图标

删除图标属性面板中各项设置的含义如下。

① 列：给出了两个选项，如果选中的是【被擦除的图标】，则在右边的列表中显示的将是运行时要擦除的图标名称；如果选中的是【不擦除的图标】，则在右边的列表中显示的将是运行时要保留，不希望擦除的图标的名称。

② 特效：可以设置擦除时的过渡效果，默认状态下为【无】，表示直接擦除，如果单击特效选项右边的按钮，就会打开一个【擦除模式】对话框（见图 6-20），使用该对话框可以选择各种擦除效果，运行时，擦除的对象就会在指定的周期时间内按所选的特效将对象擦除。

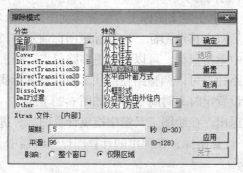

图 6-20　擦除模式特效对话框

③ 防止重叠部分消失：擦除时会等擦除动作完成后，在显示之后的图标，否则将一边擦除一边显示新内容（交叉过渡），两种效果都有实际的应用场合。

（4）用【群组图标】组织流程。当设计一个较大的作品时，经常会用到很多图标，且流程线也会比较复杂，使用群组图标可以在大小有限的设计窗口中组织更多的图标，构造的模块化的结构也会使流程变得清晰易读。群组图标可以通过两种方式创建。

① 直接创建：直接拖曳图标面板上的群组图标到流程线上。

② 使用【群组】命令创建：对于已经存在的一系列连续的图标，如果想放置到群组中，可以先拖曳鼠标，在设计窗口中卡出虚框选中要组合的图标，然后选择【修改】|【群组】命

令，所选图标被替换为一个群组图标（见图6-21、图6-22）。

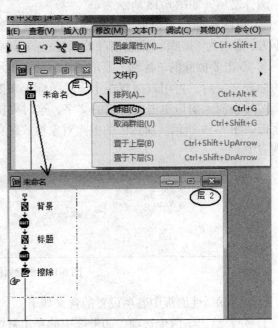

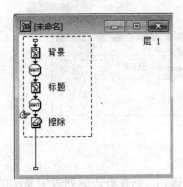

图6-21 选择要组合的图标   图6-22 执行群组命令创建的群组图标

　　双击打开群组图标，可以看到组合的内容在一个新设计窗口中，窗口右上的【层2】标注表示该段子流程是【层1】流程中一个群组的展开。在群组图标中，可以放置其他各种设计图标，甚至可以嵌套群组。如果希望取消组合，可以先选中该群组图标，然后选择【修改】|【取消群组】命令，展开群组中的内容。

　　（5）移动图标。在层2中在擦除图标上方添加移动图标，命名"移动"，然后双击标题图标，弹出演示窗口，然后双击移动图标，选择标题图标演示窗口中的文字，并拖曳文字，即可以形成路径，在路径中单击鼠标，可以生成更多路径点，圆形的点为曲线路径，而三角形的点为折线路径，选中路径点可以调整路径形状。在移动图标属性面板中，可以设置层、定时、执行方式等，这里设置定时为时间5秒，如图6-23所示。

　　（6）用计算图标编程退出。在绘图工具箱中拖曳计算图标，进入流程线最后的位置，命名"退出"，双击"退出"计算图标，在弹出的计算图标编辑器中（见图6-24），键入如下代码：Quit()，如图6-25所示。

　　（7）交互性操作。Authorware中的人机交互机制包括3个主要部分：用户的输入、交互的界面和程序的响应。一个典型的交互路径包含交互图标（见图6-26）、响应图标、交互类型和响应分支4个部分。在绘图工具箱中拖曳交互图标进入层2流程线中"标题"图标（即图6-23或者图6-24所示中命名为"标题"的图标）上方，并将"标题"图标及以下图标群组，将其拖曳到交互图标右边，命名为"响应1"（你也可以选中此名称并重新命名为其他合适的名称），还可以再次添加群组图标到交互图标的右边，并命名为"响应2"，形成响应分支，单击"响应1"的交互类型位置（见图6-26），可以在交互图标（响应1）属性面板中修改【类型】选项为热区域（见图6-27），也可以单击"响应2"的交互类型位置，在交互图标（响应2）属性面板中修改【类型】选项为按钮。

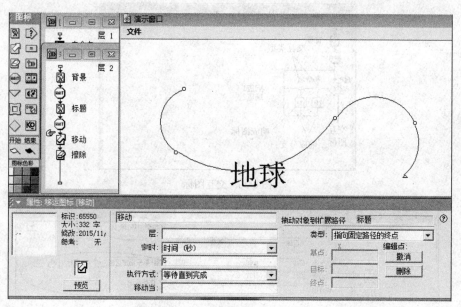

图 6-23 移动图标

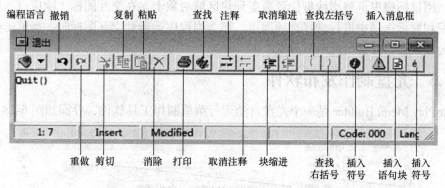

图 6-24 计算图标编辑器

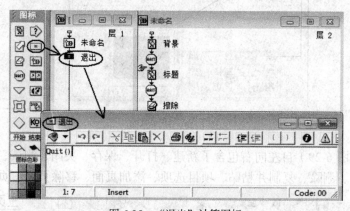

图 6-25 "退出"计算图标

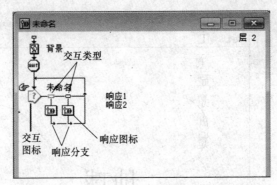

图 6-26　交互图标

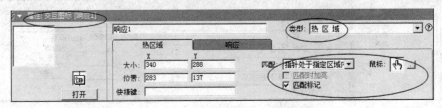

图 6-27　交互图标属性面板设置

双击背景图标，单击交互图标中的"响应 1"交互类型位置，在演示窗口中显示热区域虚线框，用鼠标拖曳调整虚线框位置覆盖到热区域对象上。在交互图标（响应 1）属性面板中在匹配和鼠标选项中进行选择选项即可。那么当程序运行到交互图标时，当单击热区域时产生热区域交互，并运行此响应分支。

6.1.5　光盘制作发布软件

AutoPlay Menu Builder 是一个光盘自动运行菜单制作工具软件，界面如图 6-28 所示。

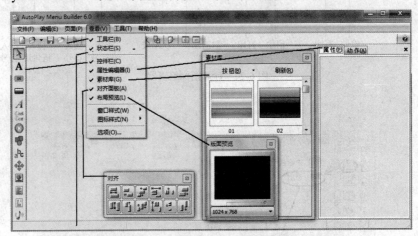

图 6-28　软件界面

工具栏（见图 6-29）自左向右包含了新建、打开、保存、关闭、测试、撤销、重做、剪切、复制、粘贴、删除、复制并粘贴、项目选项、添加页面、移除页面、页面等按钮。

图 6-29　工具栏

控件栏中则自上而下包含了 选择按钮、**A** 热点标签、 <kbd>OK</kbd> 按钮、 🖿 图像按钮、 **A** 炫彩标签、 炫彩文字、 Ⓗ HTML 标签、 形状、 ᵇᶜ 动态文本、 滚动文本框、 图像、 文本框、 富文本框、 ♪音乐播放器、 Flash 影片、 网页浏览器、 ▶媒体播放器、 PDF 阅读器、 注释显示器和 图解注释显示器等。

素材库除了按钮还有图像、背景和音乐等。例如，在使用控件栏或素材库里的按钮的时候，可选中需要的按钮样式，双击即可上屏。另外，这里的图形按钮是可以以图像作为背景的按钮，而所谓的炫目标签其实就是渐变文本，可以设置渐变的色彩。

属性动作面板可以对项目每一个页面和控件实体设置出相应的属性和动作，以达到相应的效果。

1. 新建项目

软件启动时首先随程序主界面弹出的是"新项目"窗口，或者"Ctrl"+"N"组合键，或者在菜单栏中【文件】|【新建】，弹出新建项目窗口，在这个窗口里需要为将要制作的 AutoRun 选择一个模板，指明文件的存放路径，并以默认的文件名称"autorun.apm"保存即可（见图 6-30）。

这里最好事先在合适的位置建立一个文件夹，将需要的素材如图片、可执行程序、文档、ICO 图标（注意：Ico 图标的文件名必须是"autorun.ico"）等都放在此文件中。

2. 设置选项

依次单击菜单栏上的【View】、【Options】，在弹出的【Options】即选项窗口内选择图 6-31 所示的项目。

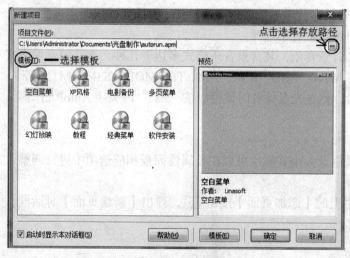

图 6-30　新建项目

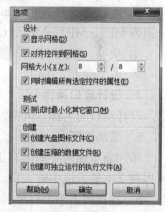

图 6-31　查看-选项

图 6-31 所示窗口中的【显示网格】选项表示在设计窗口中显示可视化栅格的文档模板格式；【对齐控件到网格】选项是将控件自动排列到最接近栅格线的位置，栅格尺寸可以延 X 或 Y 轴方向调整大小；【创建标准独立的可执行文件】选项是当保存项目时 autorun.exe 和 autorun.apm（AutoRun 的数据文件）就会在保存项目目录的根目录位置自动创建。

3. 项目属性设置

单击【编辑】|【项目选项】，在弹出的项目属性窗口（见图 6-32）内进行设置。

① 在此处选择编辑好的图标文件，那么这个图标文件将取代 AutoRun.exe 的图标。

② 选择光标（即鼠标指针），那么这个形式的鼠标指针将会显示在 AutoRun 的非热区（没有添加控件的位置）内。

图 6-32　项目选项（常规）

③ 选择热点光标，那么这个形式的鼠标指针将会显示在 AutoRun 的热区内。

④ 选择文本光标，如果在 AutoRun 的界面里添加有文本特效，就会在此文本区域内显示处这个形式的鼠标指针。

⑤ 起始页面，就是 AutoRun 开始运行时显示的那个窗口，一般保持默认即主页面选项，其下的"总是显示第一页"也可以保持缺省不选择。

⑥ 此处可以为 AutoRun 添加背景音乐，其背景音乐格式多达十几种，支持的音乐格式分别为 MP3、MP2、MP1、OGG、WAV、MID、RMI、XM、IT、MOD、S3M、MTM 等。

⑦ 杂项：如按"Esc"键退出，则在光盘播放时候可以按"Esc"键关闭 AutoRun 等。

⑧ 按"确定"按钮。

4. 设计窗口属性

设计窗口的名称、风格、背景以及大小等属性可以在其属性面板相应选项中进行调整。

5. 添加页面

添加新页面时要单击在工具栏上的【添加页面】按钮，弹出【新建页面】对话框，可以在文本输入框中输入页面的名称。

6. 在页面上添加对象

在页面上添加对象，可以利用控件栏中的工具，用鼠标选择相应对象的控件，然后在页面合适位置点击或者框选生成。当然，也可以利用已经生成的对象，通过复制、粘贴等方式生成类似的对象，可以单击鼠标右键弹出快捷菜单中选择相应对象的菜单命令即可。

7. 对象属性和行为

单击相应的对象，如果要修改此对象的属性，可以单击选择对象，在随后的属相面板中可以设置被选择对象的属性，包括对象名称、外观和位置等方面信息。同样，如果要赋予对象的行为，也可以在行为面板中进行选择设置，包括动作类型、动作音效、提示、注释和其他行为属性。

8. 测试效果

单击工具栏上的 ▷ 测试按钮，直接运行程序，观测到运行效果。

如果测试满意，则可以在【项目选项】弹出窗口中在其他标签页面中进行进一步设置，如在【字体】标签页面中可将编辑过程中用到的非系统字体添加到光盘自动播放系统中。

多媒体产品制作项目编辑好后，利用菜单栏中的【工具】|【虚拟光驱管理器】命令可将前面添加各种文件的路径采用映射的方式自动组织好，之后在刻录或者打包的时候只要刻录或打包这个命令产生的文件就行了。

这里需要注意：创建好的虚拟光驱管理器会在重启电脑后自动消失，要及时保存好虚拟光驱管理器中的文件。另外，刻录时，如果开始创建项目时在【查看】|【选项】中选择了"创建标准独立的可执行文件"，并且以后不需要再对 AutoRun 的数据文件 autorun.apm 进行修改，那么虚拟光驱管理器中的 autorun.apm 文件不需要添加进刻录光盘中；如果创建项目时在【查看】|【选项】中没有选择"创建标准独立的可执行文件"，刻录光盘的内容一定要包含此文件，否则不能正常运行 AutoRun 的内容。

6.2　复习思考题

（1）Authorware 软件的交互控制是如何实现的？

（2）介绍光盘制作软件系统制作的最终光盘文件结构及其文件类型。

（3）结合自身工作学习生活的实际需求，创作出多媒体作品光盘文件系统。

（4）撰写符合实验内容要求的实验报告：

① 总结并描述出实验详细过程；

② 指出实验过程中遇到的问题及解决方法；

③ 对于上述思考题有一些基本的分析和思考，归纳提炼出相关结论。

6.3　本章实验内容小结

（1）多媒体平台软件 Authorware 部分：工作界面认识、Authorware 窗口和面板包括图标面板（如显示图标、移动图标等 14 个功能图标的含义）、设计窗口、演示窗口、控制面板、属性面板窗口等；Authorware 程序基本流程操作包括脚本设计、素材准备、启动软件、创建新文件、组建流程线、调试程序、保存文件、打包和发布等应用操作；软件功能实践操作介绍了显示、等待、擦除、群组、移动、计算以及交互图标等方面内容的基本操作。

（2）光盘制作发布软件 AutoPlay Menu Builder 部分：软件界面认识、工具栏各类按钮应用、新建项目、设置选项、项目属性、窗口属性、添加页面、在页面上添加对象、对象属性和行为以及测试效果等应用操作。

参考文献

1. 赵子江. 多媒体技术应用教程（第 7 版）[M]. 北京：机械工业出版社，2012.8.
2. 王庆荣. 多媒体技术[M]. 北京：北京交通大学出版社，2012.
3. 梁越. 多媒体应用技术教程（第 2 版）[M]. 北京：清华大学出版社，2012.
4. 陈永强，张聪. 多媒体技术应用教程[M]. 北京：电子工业出版社，2011.
5. 李湛. 多媒体技术应用教程[M]. 北京：清华大学出版社，2013.
6. 殷常鸿，崔玲玲. 多媒体技术应用教程[M]. 北京：北京大学出版社，2012.